付録　とりはずしてお使いください。

計算スタートアップドリル

4年

年　　組

1　10や0のかけ算

★できた問題(もんだい)には、「た」をかこう！
1 た　2

1 次(つぎ)の計算をしましょう。　　月　　日

① 4×10　　② 9×10

③ 5×10　　④ 3×10

⑤ 7×10　　⑥ 10×6

⑦ 10×1　　⑧ 10×2

⑨ 10×8　　⑩ 10×10

2 次の計算をしましょう。　　月　　日

① 8×0　　② 4×0

③ 9×0　　④ 7×0

⑤ 5×0　　⑥ 0×1

⑦ 0×2　　⑧ 0×6

⑨ 0×3　　⑩ 0×0

2 わり算 大きい数のわり算

★できた問題には、「た」をかこう！

1 でき　2 でき

1 次(つぎ)の計算をしましょう。

月　　日

① 6÷3　　② 20÷5

③ 32÷4　　④ 2÷2

⑤ 49÷7　　⑥ 30÷6

⑦ 24÷8　　⑧ 54÷9

⑨ 9÷1　　⑩ 0÷4

2 次の計算をしましょう。

月　　日

① 50÷5　　② 60÷6

③ 90÷3　　④ 40÷2

⑤ 80÷4　　⑥ 33÷3

⑦ 26÷2　　⑧ 48÷4

⑨ 96÷3　　⑩ 68÷2

3 たし算の筆算

★できた問題には、「た」をかこう！

1 でき　2 でき

1 次の計算をしましょう。

月　　日

① $\begin{array}{r} 364 \\ +415 \\ \hline \end{array}$

② $\begin{array}{r} 528 \\ +164 \\ \hline \end{array}$

③ $\begin{array}{r} 235 \\ +419 \\ \hline \end{array}$

④ $\begin{array}{r} 162 \\ +357 \\ \hline \end{array}$

⑤ $\begin{array}{r} 475 \\ +234 \\ \hline \end{array}$

⑥ $\begin{array}{r} 249 \\ +172 \\ \hline \end{array}$

⑦ $\begin{array}{r} 569 \\ +613 \\ \hline \end{array}$

⑧ $\begin{array}{r} 847 \\ +357 \\ \hline \end{array}$

⑨ $\begin{array}{r} 58 \\ +947 \\ \hline \end{array}$

⑩ $\begin{array}{r} 996 \\ +\quad 8 \\ \hline \end{array}$

2 次の計算を筆算でしましょう。

月　　日

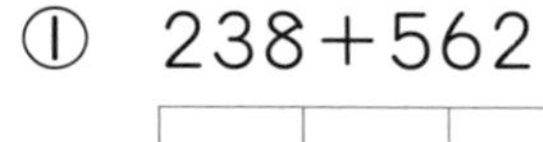

① 238＋562

② 79＋928

③ 473＋859

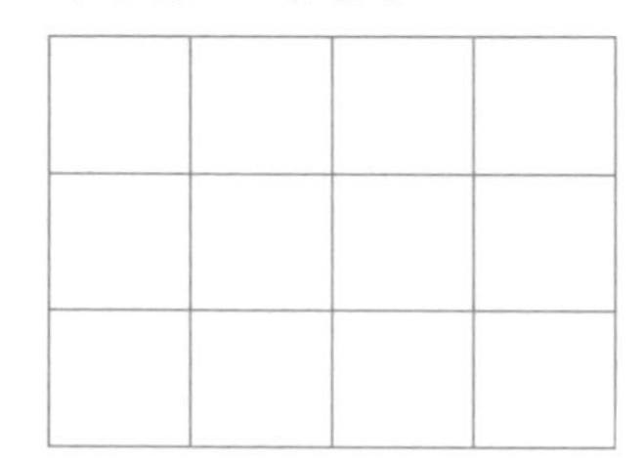

④ 997＋4

4 ひき算の筆算

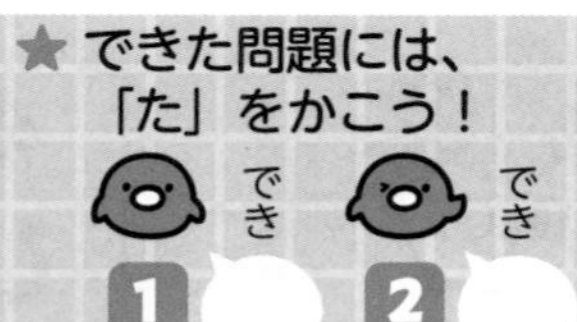

1 次(つぎ)の計算をしましょう。　　月　日

① $\begin{array}{r} 856 \\ -425 \\ \hline \end{array}$　② $\begin{array}{r} 745 \\ -216 \\ \hline \end{array}$　③ $\begin{array}{r} 647 \\ -183 \\ \hline \end{array}$　④ $\begin{array}{r} 476 \\ -278 \\ \hline \end{array}$

⑤ $\begin{array}{r} 924 \\ -357 \\ \hline \end{array}$　⑥ $\begin{array}{r} 804 \\ -586 \\ \hline \end{array}$　⑦ $\begin{array}{r} 716 \\ -673 \\ \hline \end{array}$　⑧ $\begin{array}{r} 900 \\ -762 \\ \hline \end{array}$

⑨ $\begin{array}{r} 384 \\ -\ \ 97 \\ \hline \end{array}$　⑩ $\begin{array}{r} 1000 \\ -\ \ 714 \\ \hline \end{array}$

2 次の計算を筆算(ひっさん)でしましょう。　　月　日

① 794－395

② 403－296

③ 800－7

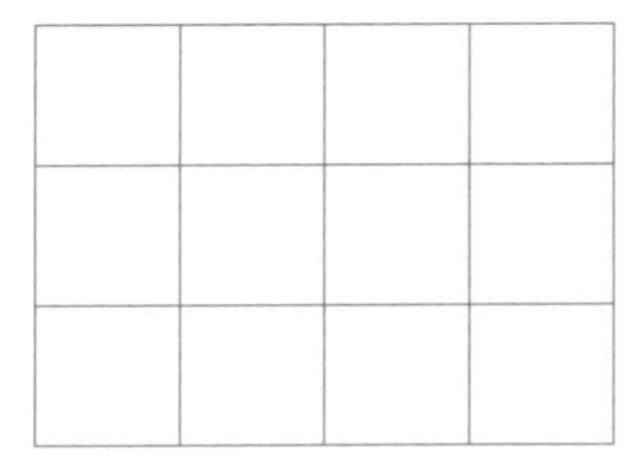

④ 1000－685

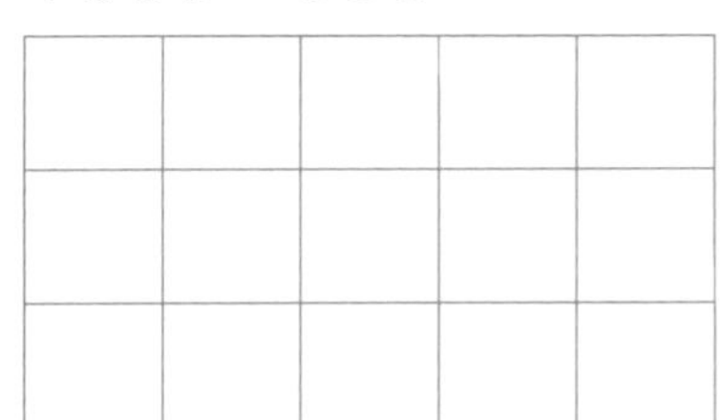

5 ４けたの数のたし算・ひき算の筆算

★できた問題には、「た」をかこう！

1 でき　2 でき

1 次(つぎ)の計算をしましょう。

月　日

①
```
  3506
+4182
```

②
```
  4726
+1235
```

③
```
  5188
+2854
```

④
```
  6849
+  687
```

⑤
```
  5836
-1425
```

⑥
```
  9204
-7385
```

⑦
```
  4205
-  847
```

⑧
```
  8000
-  577
```

2 次の計算を筆算(ひっさん)でしましょう。

月　日

① 7964＋278

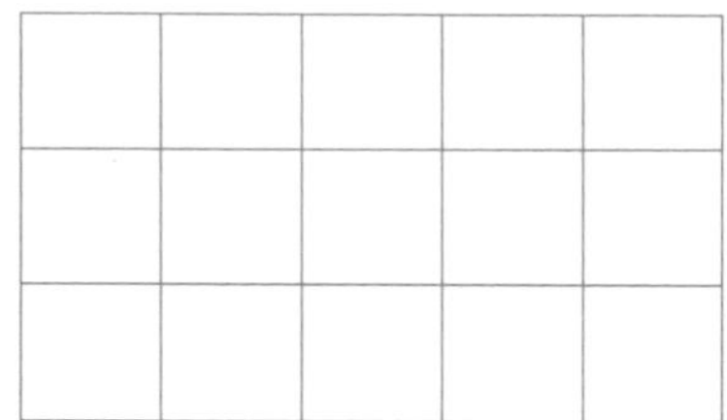

② 56＋3874

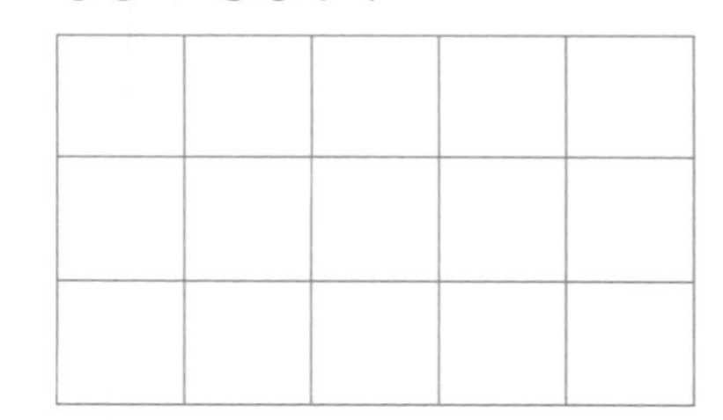

③ 4061－794

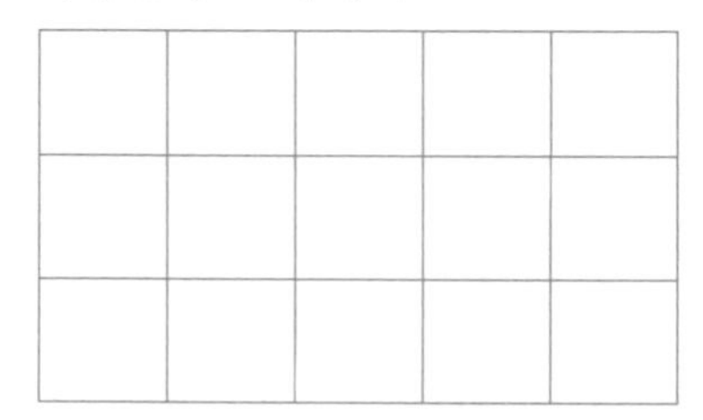

④ 5002－83

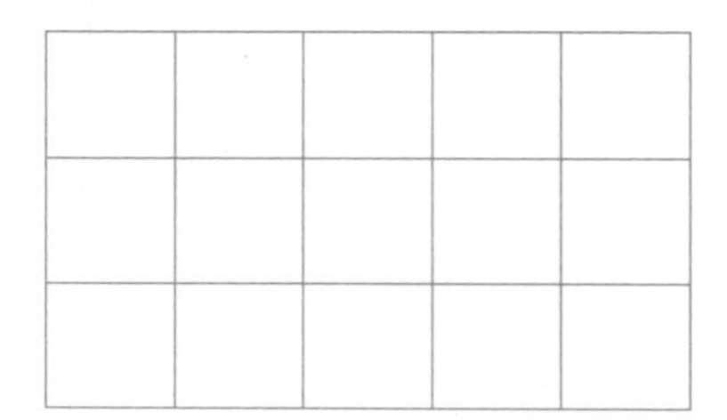

6 あまりのあるわり算

★できた問題には、「た」をかこう！

1 でき　2 でき

1 次の計算をしましょう。　月　日

① $7 \div 2$　② $13 \div 3$

③ $16 \div 7$　④ $45 \div 6$

⑤ $30 \div 4$　⑥ $42 \div 9$

⑦ $29 \div 5$　⑧ $51 \div 8$

⑨ $34 \div 4$　⑩ $56 \div 6$

2 次の計算をしましょう。　月　日

① $14 \div 6$　② $9 \div 4$

③ $19 \div 2$　④ $37 \div 5$

⑤ $60 \div 8$　⑥ $21 \div 4$

⑦ $26 \div 3$　⑧ $24 \div 7$

⑨ $49 \div 5$　⑩ $78 \div 9$

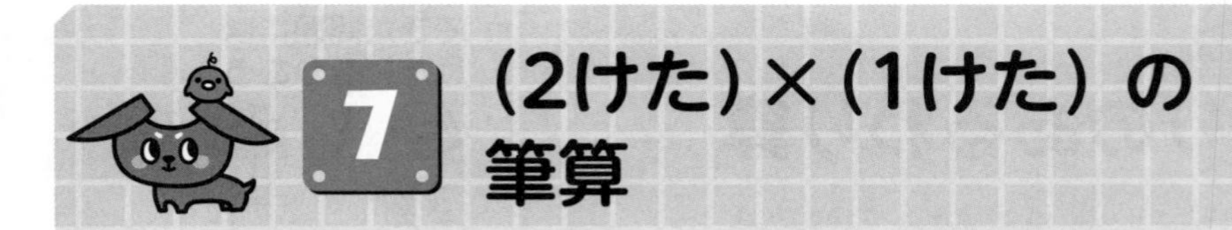

7 (2けた)×(1けた)の筆算

★できた問題には、「た」をかこう！

1 でき　2 でき

1 次(つぎ)の計算をしましょう。

月　日

① 30×2

② 32×3

③ 26×3

④ 18×4

⑤ 42×4

⑥ 61×7

⑦ 34×4

⑧ 53×6

⑨ 78×2

⑩ 64×5

2 次の計算を筆算(ひっさん)でしましょう。

① 13×7

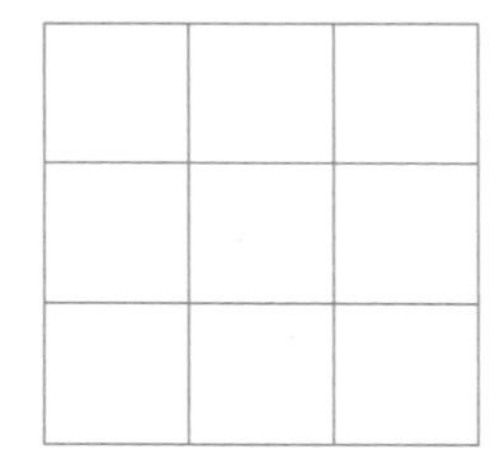

② 82×3

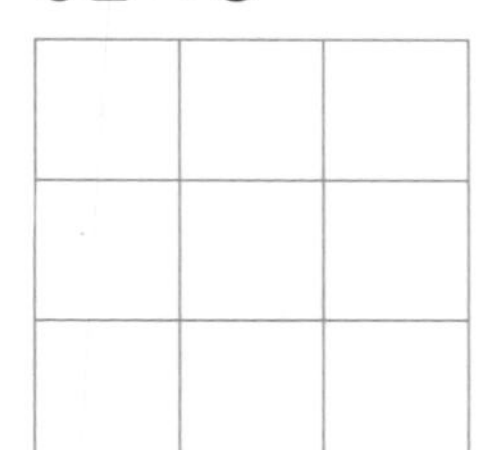

③ 36×4

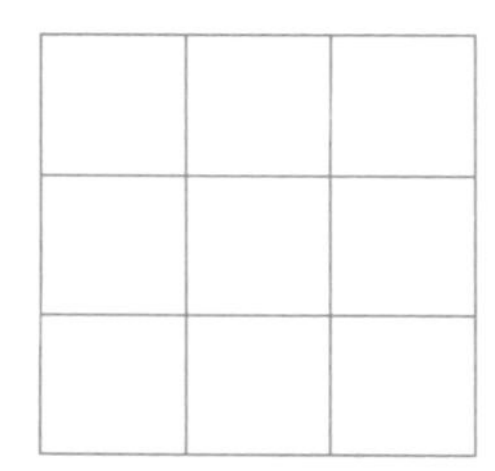

④ 75×8

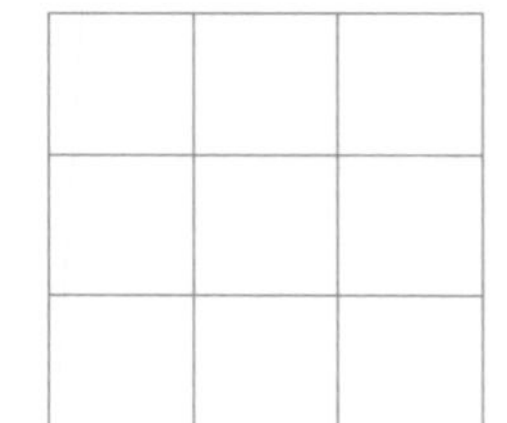

8 (3けた)×(1けた)の筆算

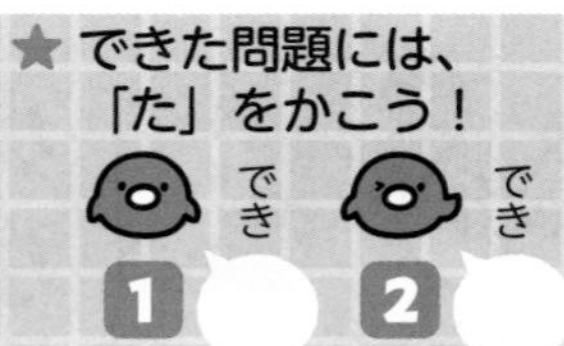

1 次の計算をしましょう。

月　日

① 213 × 3

② 324 × 3

③ 182 × 4

④ 412 × 3

⑤ 435 × 5

⑥ 261 × 7

⑦ 529 × 6

⑧ 325 × 8

⑨ 602 × 9

⑩ 820 × 8

2 次の計算を筆算でしましょう。

月　日

① 423×2

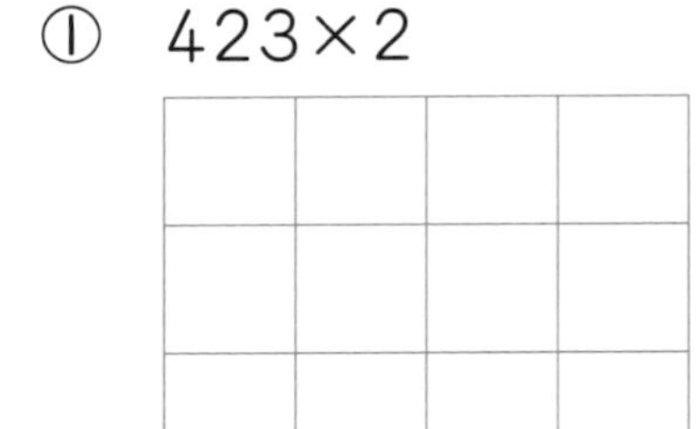

② 634×2

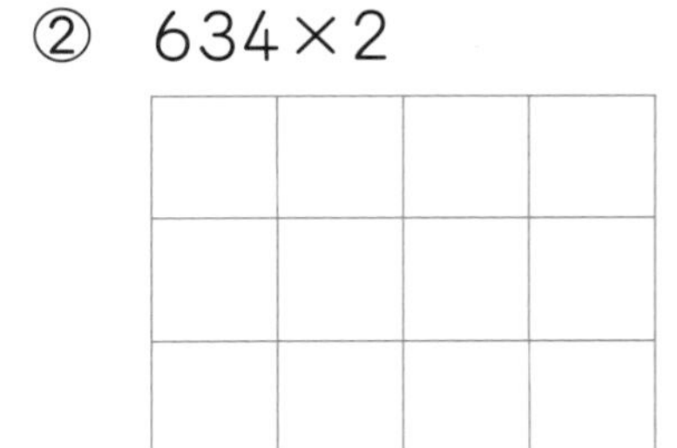

③ 738×5

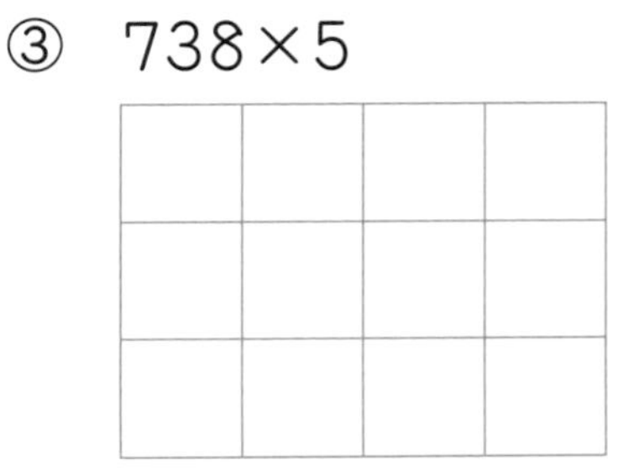

④ 409×8

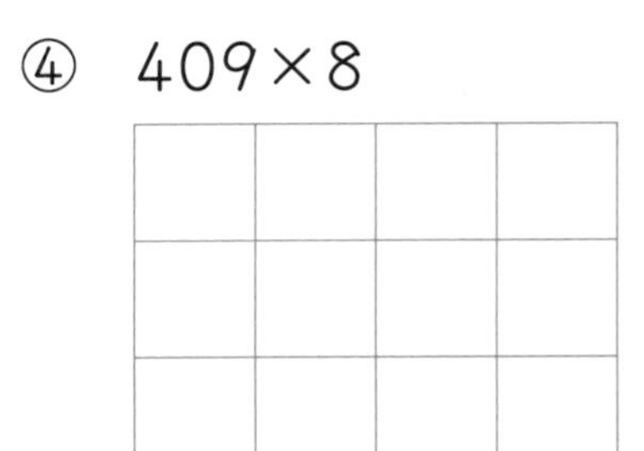

9 小数のたし算・ひき算
小数のたし算・ひき算の筆算

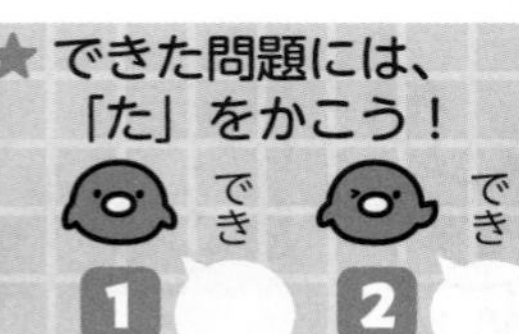

1 次(つぎ)の計算をしましょう。

月　日

① 0.6＋0.3　② 0.8－0.5

③ 1.3＋2.5　④ 1.6＋1.9　⑤ 4.7＋2.4　⑥ 3.2＋4.8

⑦ 3.7－1.5　⑧ 4.2－1.8　⑨ 5.3－4.7　⑩ 8.4－3.4

2 次の計算を筆算(ひっさん)でしましょう。

月　日

① 7.3＋1.9

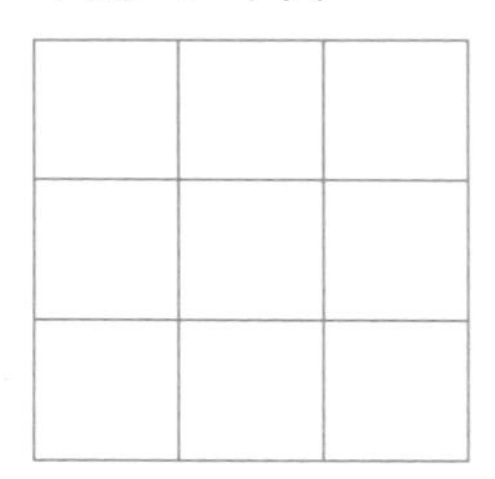

② 3.8＋4

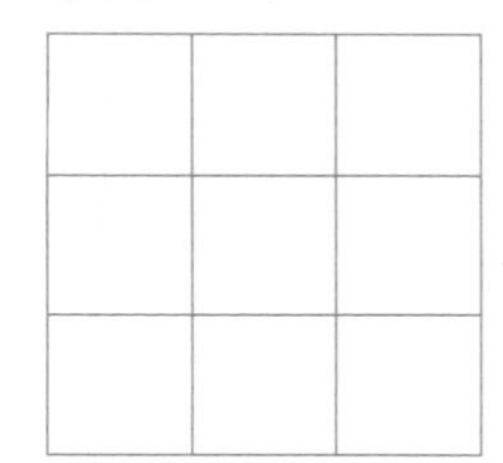

③ 9.6－3.8

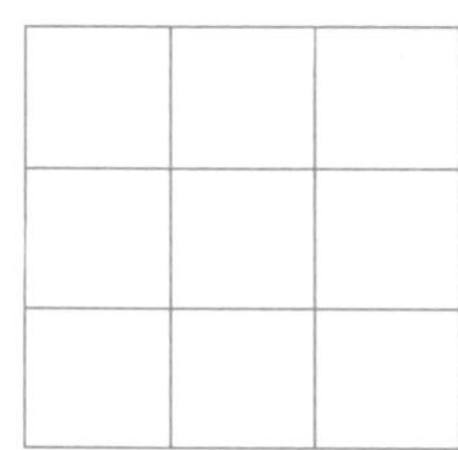

④ 7－4.2

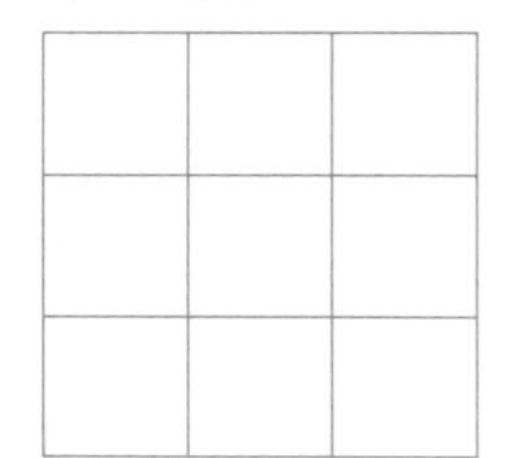

10 分数のたし算・ひき算

★できた問題には、「た」をかこう！

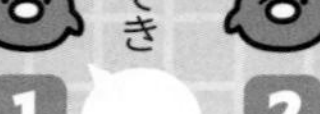

1 2

1 次(つぎ)の計算をしましょう。　　月　日

① $\frac{1}{5}+\frac{2}{5}$　　② $\frac{3}{7}+\frac{2}{7}$

③ $\frac{2}{8}+\frac{1}{8}$　　④ $\frac{2}{9}+\frac{5}{9}$

⑤ $\frac{3}{10}+\frac{6}{10}$　　⑥ $\frac{4}{8}+\frac{3}{8}$

⑦ $\frac{2}{3}+\frac{1}{3}$　　⑧ $\frac{2}{6}+\frac{4}{6}$

2 次の計算をしましょう。　　月　日

① $\frac{3}{4}-\frac{2}{4}$　　② $\frac{3}{6}-\frac{2}{6}$

③ $\frac{6}{7}-\frac{3}{7}$　　④ $\frac{4}{5}-\frac{2}{5}$

⑤ $\frac{7}{8}-\frac{4}{8}$　　⑥ $\frac{6}{9}-\frac{1}{9}$

⑦ $1-\frac{2}{5}$　　⑧ $1-\frac{3}{10}$

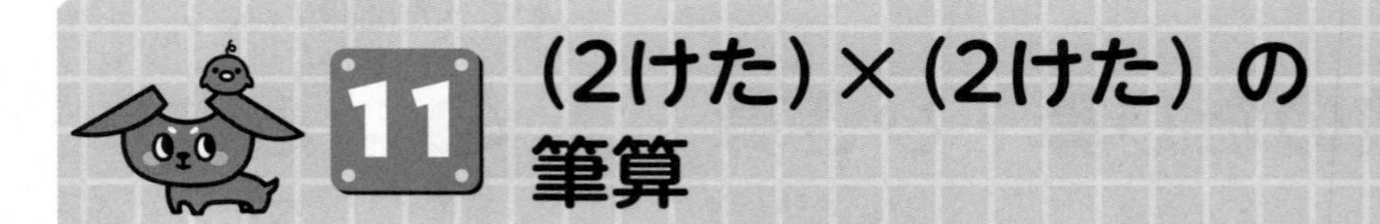

11 (2けた)×(2けた)の筆算

★できた問題には、「た」をかこう！

1 でき　2 でき

1 次(つぎ)の計算をしましょう。

月　日

① $\begin{array}{r} 14 \\ \times 12 \\ \hline \end{array}$　② $\begin{array}{r} 23 \\ \times 14 \\ \hline \end{array}$　③ $\begin{array}{r} 24 \\ \times 32 \\ \hline \end{array}$　④ $\begin{array}{r} 43 \\ \times 15 \\ \hline \end{array}$

⑤ $\begin{array}{r} 28 \\ \times 37 \\ \hline \end{array}$　⑥ $\begin{array}{r} 29 \\ \times 42 \\ \hline \end{array}$　⑦ $\begin{array}{r} 37 \\ \times 53 \\ \hline \end{array}$　⑧ $\begin{array}{r} 67 \\ \times 83 \\ \hline \end{array}$

⑨ $\begin{array}{r} 70 \\ \times 86 \\ \hline \end{array}$　⑩ $\begin{array}{r} 83 \\ \times 40 \\ \hline \end{array}$

2 次の計算を筆算(ひっさん)でしましょう。

月　日

① 78×49　② 52×69　③ 76×25

12 (3けた)×(2けた)の筆算

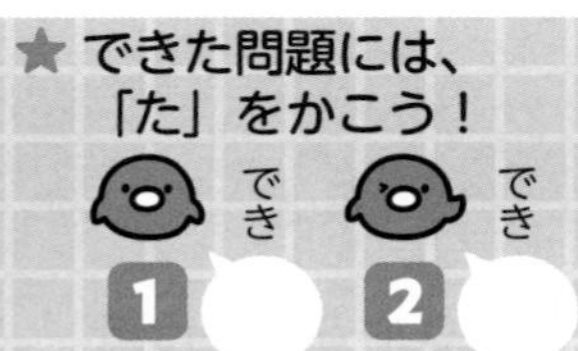

1 次(つぎ)の計算をしましょう。

月　日

① $\begin{array}{r} 132 \\ \times\ \ 23 \\ \hline \end{array}$

② $\begin{array}{r} 216 \\ \times\ \ 14 \\ \hline \end{array}$

③ $\begin{array}{r} 237 \\ \times\ \ 36 \\ \hline \end{array}$

④ $\begin{array}{r} 438 \\ \times\ \ 52 \\ \hline \end{array}$

⑤ $\begin{array}{r} 352 \\ \times\ \ 68 \\ \hline \end{array}$

⑥ $\begin{array}{r} 682 \\ \times\ \ 47 \\ \hline \end{array}$

⑦ $\begin{array}{r} 920 \\ \times\ \ 34 \\ \hline \end{array}$

⑧ $\begin{array}{r} 726 \\ \times\ \ 30 \\ \hline \end{array}$

⑨ $\begin{array}{r} 600 \\ \times\ \ 48 \\ \hline \end{array}$

⑩ $\begin{array}{r} 409 \\ \times\ \ 83 \\ \hline \end{array}$

2 次の計算を筆算(ひっさん)でしましょう。

月　日

① 683×57　② 497×33　③ 704×50

答え

1 10や0のかけ算

1 ①40　②90　③50
④30　⑤70　⑥60
⑦10　⑧20　⑨80
⑩100

2 ①0　②0　③0
④0　⑤0　⑥0
⑦0　⑧0　⑨0
⑩0

2 わり算
大きい数のわり算

1 ①2　②4　③8
④1　⑤7　⑥5
⑦3　⑧6　⑨9
⑩0

2 ①10　②10　③30
④20　⑤20　⑥11
⑦13　⑧12　⑨32
⑩34

3 たし算の筆算

1 ①779　②692　③654
④519　⑤709　⑥421
⑦1182　⑧1204　⑨1005
⑩1004

2

①

	2	3	8
+	5	6	2
	8	0	0

②

		7	9
+	9	2	8
1	0	0	7

③

	4	7	3
+	8	5	9
1	3	3	2

④

	9	9	7
+			4
1	0	0	1

4 ひき算の筆算

1 ①431　②529　③464
④198　⑤567　⑥218
⑦43　⑧138　⑨287
⑩286

2

①

	7	9	4
−	3	9	5
	3	9	9

②

	4	0	3
−	2	9	6
	1	0	7

③

	8	0	0
−			7
	7	9	3

④

	1	0	0	0
−		6	8	5
		3	1	5

5 4けたの数のたし算・ひき算の筆算

1 ①7688　②5961　③8042
④7536　⑤4411　⑥1819
⑦3358　⑧7423

2

①

	7	9	6	4
+		2	7	8
	8	2	4	2

②

			5	6
+	3	8	7	4
	3	9	3	0

③

	4	0	6	1
−		7	9	4
	3	2	6	7

④

	5	0	0	2
−			8	3
	4	9	1	9

6 あまりのあるわり算

1 ①3あまり1　②4あまり1
③2あまり2　④7あまり3
⑤7あまり2　⑥4あまり6
⑦5あまり4　⑧6あまり3
⑨8あまり2　⑩9あまり2

2 ①2あまり2　②2あまり1
③9あまり1　④7あまり2
⑤7あまり4　⑥5あまり1
⑦8あまり2　⑧3あまり3
⑨9あまり4　⑩8あまり6

7 (2けた)×(1けた) の筆算

1 ①60 ②96 ③78
④72 ⑤168 ⑥427
⑦136 ⑧318 ⑨156
⑩320

2

①

	1	3
×		7
	9	1

②

	8	2
×		3
2	4	6

③

	3	6
×		4
1	4	4

④

	7	5
×		8
6	0	0

8 (3けた)×(1けた) の筆算

1 ①639 ②972 ③728
④1236 ⑤2175 ⑥1827
⑦3174 ⑧2600 ⑨5418
⑩6560

2

①

	4	2	3
×			2
	8	4	6

②

	6	3	4
×			2
1	2	6	8

③

	7	3	8
×			5
3	6	9	0

④

	4	0	9
×			8
3	2	7	2

9 小数のたし算・ひき算 小数のたし算・ひき算の筆算

1 ①0.9 ②0.3 ③3.8
④3.5 ⑤7.1 ⑥8
⑦2.2 ⑧2.4 ⑨0.6
⑩5

2

①

	7.	3
+	1.	9
	9.	2

②

	3.	8
+	4	
	7.	8

③

	9.	6
−	3.	8
	5.	8

④

	7	
−	4.	2
	2.	8

10 分数のたし算・ひき算

1 ①$\frac{3}{5}$ ②$\frac{5}{7}$ ③$\frac{3}{8}$
④$\frac{7}{9}$ ⑤$\frac{9}{10}$ ⑥$\frac{7}{8}$
⑦1 ⑧1

2 ①$\frac{1}{4}$ ②$\frac{1}{6}$ ③$\frac{3}{7}$
④$\frac{2}{5}$ ⑤$\frac{3}{8}$ ⑥$\frac{5}{9}$
⑦$\frac{3}{5}$ ⑧$\frac{7}{10}$

11 (2けた)×(2けた) の筆算

1 ①168 ②322 ③768
④645 ⑤1036 ⑥1218
⑦1961 ⑧5561 ⑨6020
⑩3320

2

```
①    78     ②    52     ③    76
   ×49         ×69         ×25
   702         468         380
  312         312         152
  3822        3588        1900
```

12 (3けた)×(2けた) の筆算

1 ①3036 ②3024 ③8532
④22776 ⑤23936 ⑥32054
⑦31280 ⑧21780 ⑨28800
⑩33947

2

```
①    683    ②    497    ③    704
   ×  57       ×  33       ×  50
    4781        1491       35200
   3415        1491
   38931       16401
```

教科書ぴったりトレーニング

はなまるシール

★ ふろくの「がんばり表」に使おう！
★ はじめに、キミのおとも犬を選んで、がんばり表にはろう！
★ 学習が終わったら、がんばり表に「はなまるシール」をはろう！
★ 余ったシールは自由に使ってね。

キミのおとも犬

はなまるシール

理科 社会

ごほうびシール

教科書ぴったりトレーニング 計算4年 がんばり表

すきななまえをつけてね！

なまえ

ぴた犬（おとも犬）シールをはろう

シールの中からすきなぴた犬をえらぼう。

いつも見えるところに、この「がんばり表」をはっておこう。
この「ぴたトレ」を学習したら、シールをはろう！
どこまでがんばったかわかるよ。

おうちのかたへ

がんばり表のデジタル版「デジタルがんばり表」では、デジタル端末でも学習の進捗記録をつけることができます。1冊やり終えると、抽選でプレゼントが当たります。「ぴたサポシステム」にご登録いただき、「デジタルがんばり表」をお使いください。LINE または PC・ブラウザを利用する方法があります。

LINE用　PC・ブラウザ用

★ぴたサポシステムご利用ガイドはこちら★
https://www.shinko-keirin.co.jp/shinko/news/pittari-support-system

スタート

一億をこえる数
2〜3ページ　できたらシールをはろう
4〜5ページ　できたらシールをはろう
6〜7ページ　できたらシールをはろう

1けたでわるわり算の筆算
8〜9ページ　できたらシールをはろう
10〜11ページ　できたらシールをはろう
12〜13ページ　できたらシールをはろう
14〜15ページ　できたらシールをはろう

角とその大きさ
16〜17ページ　できたらシールをはろう
18〜19ページ　できたらシールをはろう

小数
20〜21ページ　できたらシールをはろう
22〜23ページ　できたらシールをはろう
24〜25ページ　できたらシールをはろう

★計算のふく習テスト①
26〜27ページ　できたらシールをはろう

2けたでわるわり算の筆算
28〜29ページ　できたらシールをはろう
30〜31ページ　できたらシールをはろう
32〜33ページ　できたらシールをはろう
34〜35ページ　できたらシールをはろう
36〜37ページ　できたらシールをはろう

式と計算の順じょ
38〜39ページ　できたらシールをはろう
40〜41ページ　できたらシールをはろう
42〜43ページ　できたらシールをはろう
44〜45ページ　できたらシールをはろう

面積
46〜47ページ　できたらシールをはろう
48〜49ページ　できたらシールをはろう

がい数とその計算
50〜51ページ　できたらシールをはろう
52〜53ページ　できたらシールをはろう
54〜55ページ　できたらシールをはろう
56〜57ページ　できたらシールをはろう

★計算のふく習テスト②
58〜59ページ　できたらシールをはろう

小数×整数、小数÷整数
60〜61ページ　できたらシールをはろう
62〜63ページ　できたらシールをはろう
64〜65ページ　できたらシールをはろう
66〜67ページ　できたらシールをはろう
68〜69ページ　できたらシールをはろう

分数
70〜71ページ　できたらシールをはろう
72〜73ページ　できたらシールをはろう
74〜75ページ　できたらシールをはろう
76〜77ページ　できたらシールをはろう

★計算のふく習テスト③
78ページ　できたらシールをはろう

4年生の計算のまとめ
79ページ　できたらシールをはろう
80ページ　できたらシールをはろう

ゴール

さいごまでがんばったキミは「ごほうびシール」をはろう！

ごほうびシールをはろう

教科書ぴったりトレーニングの使い方

ぴた犬たちが勉強をサポートするよ。

ふだんの学習

練習

まず、計算問題の説明を読んでみよう。
次に、じっさいに問題に取り組んで、とき方を身につけよう。

たしかめのテスト

「練習」で勉強したことが身についているかな？
かくにんしながら、取り組もう。

実力チェック

ふく習テスト

まとめのテスト

夏休み、冬休み、春休み前に使いましょう。
学期の終わりや学年の終わりのテスト前に
やってもいいね。

4年 チャレンジテスト

すべてのページが終わったら、
まとめのむずかしいテストに
ちょうせんしよう。

ふだんの学習が終わったら、「がんばり表」にシールをはろう。

別冊

丸つけラクラクかいとう

問題と同じ紙面に赤字で「答え」が書いてあるよ。
取り組んだ問題の答え合わせをしてみよう。まちがえた問題やわからなかった問題は、右のてびきを読んだり、教科書を読み返したりして、もう一度見直そう。

おうちのかたへ

本書『教科書ぴったりトレーニング』は、「練習」の例題で問題の解き方をつかみ、問題演習を繰り返して定着できるようにしています。「たしかめのテスト」では、テスト形式で学習事項が定着したか確認するようになっています。日々の学習（トレーニング）にぴったりです。

「単元対照表」について

この本は、どの教科書にも合うように作っています。教科書の単元と、この本の関連を示した「単元対照表」を参考に、学校での授業に合わせてお使いください。

別冊『丸つけラクラクかいとう』について

おうちのかたへ では、次のようなものを示しています。

- 学習のねらいやポイント
- 他の学年や他の単元の学習内容とのつながり
- まちがいやすいことやつまずきやすいところ

お子様への説明や、学習内容の把握などにご活用ください。

内容の例

> おうちのかたへ
> 小数のかけ算についての理解が不足している場合、4年生の小数のかけ算の内容を振り返りさせましょう。

もくじ

計算４年

全教科書版

教科書ぴったりトレーニング

		練習	たしかめのテスト
一億をこえる数	①億と兆	2	⑤ 6～7 はってん
	②大きな数のしくみ	3	
	③大きな数の計算	4	
	④大きな数の筆算	5	
1けたでわるわり算の筆算	⑥(2けた)÷(1けた)の筆算のしかた	8	⑫ 14～15
	⑦(2けた)÷(1けた)の筆算(1)	9	
	⑧(2けた)÷(1けた)の筆算(2)	10	
	⑨(3けた)÷(1けた)の筆算のしかた	11	
	⑩(3けた)÷(1けた)の筆算	12	
	⑪暗　算	13	
角とその大きさ	⑬角のはかり方とかき方	16	⑮ 18～19
	⑭三角形の角	17	
小　数	⑯小数の表し方としくみ	20	⑳ 24～25
	⑰小数の大小	21	
	⑱小数のたし算の筆算	22	
	⑲小数のひき算の筆算	23	
★計算のふく習テスト①	㉑計算のふく習テスト①	26～27	
2けたでわるわり算の筆算	㉒何十でわるわり算	28	㉚ 36～37
	㉓商が1けたになるわり算の筆算	29	
	㉔見当をつけた商のなおし方	30	
	㉕あまりのあるわり算の筆算	31	
	㉖商が2けたになるわり算の筆算	32	
	㉗商が3けたになるわり算の筆算	33	
	㉘商に0のたつわり算	34	
	㉙わり算のせいしつ	35	
式と計算の順じょ	㉛(　　)のある式	38	㊲ 44～45
	㉜式と計算の順じょ	39	
	㉝(　　)を使った式の計算のきまり	40	
	㉞計算のくふう	41	
	㉟たし算、ひき算の計算の間の関係	42	
	㊱かけ算、わり算の計算の間の関係	43	
面　積	㊳広さの単位と長方形・正方形の面積の公式	46	㊵ 48～49
	㊴大きな面積	47	
がい数とその計算	㊶がい数の表し方	50	㊼ 56～57
	㊷いろいろながい数	51	
	㊸がい数の表すはんい	52	
	㊹和や差の見積もり	53	
	㊺積の見積もり	54	
	㊻商の見積もり	55	
★計算のふく習テスト②	㊽計算のふく習テスト②	58～59	
小数×整数、小数÷整数	㊾小数のかけ算	60	57 68～69
	㊿1けたをかける小数のかけ算の筆算	61	
	51 2けたをかける小数のかけ算の筆算	62	
	52 小数のわり算	63	
	53 1けたでわる小数のわり算の筆算	64	
	54 2けたでわる小数のわり算の筆算	65	
	55 わり進むわり算の筆算	66	
	56 商をがい数で表すわり算の筆算	67	
分　数	58 真分数、仮分数、帯分数	70	64 76～77
	59 分数の大きさくらべ	71	
	60 等しい分数	72	
	61 分数のたし算とひき算	73	
	62 帯分数のはいったたし算	74	
	63 帯分数のはいったひき算	75	
★計算のふく習テスト③	65 計算のふく習テスト③	78	
4年生の計算のまとめ	66 67 4年生の計算のまとめ	79～80	

巻末	チャレンジテスト①、②	とりはずしてお使いください
別冊	丸つけラクラクかいとう	

はってん がついているところでは、学習指導要領では示されていない「発展的な学習内容」を扱っています。学習状況に応じてご利用ください。

学習日　月　日

練習 1 億と兆

答え 2ページ

例題

★46396200000000円をよみましょう。

とき方

		4	6	3	9	6	2	0	0	0	0	0	0	0	0
千兆の位	百兆の位	十兆の位	一兆の位	千億の位	百億の位	十億の位	一億の位	千万の位	百万の位	十万の位	一万の位	千の位	百の位	十の位	一の位

10倍　10倍　10倍　10倍　10倍　10倍　10倍

100倍

1000倍

10000倍

四十六兆三千九百六十二億円

◀右から4けたずつ区切って考えます。

◀一万を10000倍すると一億になり、一億を10000倍すると一兆になります。

1 次の数をよみましょう。

① 7342850000人

（　　　　　　）

② 3120006890000円

（　　　　　　）

③ 8502640000000円

（　　　　　　）

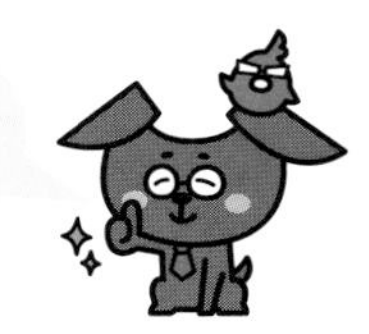

とちゅうの0にも気をつけよう。

2 □にあてはまる数をかきましょう。

① 一兆は十億の□倍

② 百万の1000倍は□

3 次の数を数字でかきましょう。

① 四十七兆三千二百億

（　　　　　　）

② 五兆十億六百万

（　　　　　　）

③ 1000億を14こ集めた数

（　　　　　　）

④ 1億を7こ、100万を3こあわせた数

（　　　　　　）

！まちがい注意

⑤ 1兆を21こ、1億を74こあわせた数

（　　　　　　）

＋ー計算に強くなる！×÷

大きな数は、かきまちがえることが多い。かならず、かいたあとでかくにんしよう。

ヒント 3 ② 千億、百億、一億、千万の位には0をかくよ。

学習日　月　日

練習 2 大きな数のしくみ

答え　2ページ

例題

★7000億(おく)を10倍した数はいくつですか。また、10でわった数はいくつですか。

とき方

百億　70000000000
千億　700000000000
一兆(ちょう)　7000000000000

10でわる
10倍する

7000億を10倍した数　7兆

7000億を10でわった数　700億

◀どんな数でも、各位(かくくらい)の数字は、10倍するごとに位が1つずつ上がり、10でわるごとに位が1つずつ下がります。

1 次の数を10倍した数はいくつですか。

① 3億　(　　　)

② 4000万　(　　　)

③ 2兆5000億　(　　　)

④ 6300億　(　　　)

2 次の数を10でわった数はいくつですか。

① 20億　(　　　)

② 40兆　(　　　)

③ 7億5000万　(　　　)

④ 1兆3000億　(　　　)

3 9兆について、次の数を求(もと)めましょう。

① 100倍した数　(　　　)

② 100でわった数　(　　　)

ヒント

3 数を100倍するときは、数の右に0を2こつけ、ぎゃくに100でわるときは、数の右の0を2ことるんだよ。

学習日　　月　　日

練習 3 大きな数の計算

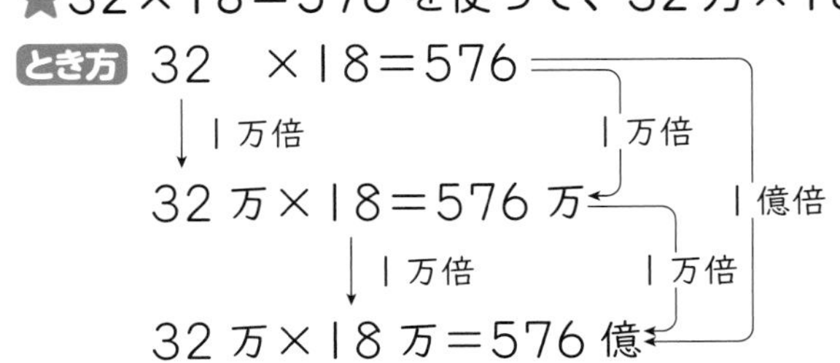

答え 3ページ

例題

★32×18＝576 を使って、32万×18万の答えを求(もと)めましょう。

とき方 32　×18＝576

↓1万倍　　1万倍

32万×18＝576万　　1億倍

↓1万倍　　1万倍

32万×18万＝576億

576億

◀1万×1万＝1億(おく)です。
◀終わりに0のある数のかけ算は、0を省(はぶ)いて計算し、答えの右に省いた0の数だけ0をつけます。

1 36＋28＝64、36－28＝8 を使って、次の答えを求めましょう。

① 36億＋28億　　② 3億6000万－2億8000万

2 13×24＝312 を使って、次の答えを求めましょう。

① 130×240　　② 1300×2400

③ 13万×24　　④ 13万×24万

⑤ 13億×24万

13×24＝312 をうまく使って求めましょう。

3 次の計算を例(れい)のようにくふうしてしましょう。

（例）
```
   27|00
 ×35|0
 ------
  135|
  81 |
 ------
  945|000
```

① 4300 ×1600

② 5200 ×15000

❷ ⑤ 13億は13の1億倍、24万は24の1万倍だね。1億倍した数に1万倍した数をかけると1兆(ちょう)倍した数になるよ。

練習 4 大きな数の筆算

学習日　　月　　日

答え 3ページ

例題

★213×426 を筆算でしましょう。

とき方

```
   213
  ×426
  1278   ……213×  6= 1278
  426    ……213× 20= 4260
 852     ……213×400=85200
 90738
```

90738

◀3けたの数をかける筆算は、かける数が2けたのときと同じように計算します。

◀かけ算の答えを積(せき)といいます。

1 次の計算をしましょう。

① 341×172

② 157×323

③ 286×492

④ 74×165

⑤ 48×671

⑥ 92×567

2 次の計算をしましょう。

① 843×602

まちがい注意

② 108×407

```
   579          579
  ×105         ×105
  2895         2895
  000    →    579
 579          60795
 60795
```

上のように、かける数に0があるときは、[　]の部分は省(はぶ)いてもいいよ。

❷ ① まず、843×2 を計算するよ。かける数の十の位(くらい)は0だから、次は、843×600 を計算しよう。答えをかく位置(いち)には気をつけてね。

たしかめのテスト 5 一億をこえる数

時間 20 分　／100　ごうかく 80 点

答え 4ページ

1 □にあてはまる数をかきましょう。　□各4点(16点)

① 1億(おく)を5こ、1万を38こあわせた数は □ です。

② 1000万を □ こ集めた数は3億7000万です。

③ 39億を10倍した数は □ で、

10でわった数は □ です。

できたらスゴイ!

2 8兆(ちょう)を10倍した数は、8兆を10でわった数の何倍ですか。　(4点)

(　　　　)

3 次の計算を使って、下の答えを求(もと)めましょう。　各4点(32点)

42×37＝1554　　42＋37＝79　　42－37＝5

① 4200×3700

② 42万×37万

③ 42億×37万

④ 4200＋3700

⑤ 42億＋37億

⑥ 42兆－37兆

⑦ 42万－37万

⑧ 4兆2000億－3兆7000億

4 次の計算をしましょう。

各4点(36点)

①
```
   14
×837
```
②
```
  158
×146
```
③
```
  352
×243
```
④
```
  687
×299
```
⑤
```
  498
×673
```
⑥
```
  725
×987
```
⑦
```
  738
×912
```
⑧
```
  149
×613
```
⑨
```
  364
×525
```

5 次の計算をしましょう。

各4点(12点)

①
```
  215
×304
```
②
```
   87
×506
```
③
```
  409
×608
```

はってん 兆(ちょう)より大きな数の位(くらい)

1 次の問題に答えましょう。

① 1京(けい)は0がいくつならびますか。

1京は［1000］兆の10倍だから、0が［　　］こならびます。

↑うすい字はなぞって考えましょう。

② 数字を18こならべて18けたの数をつくり、その数をよんでみましょう。

						0	0	0	0	0	0	0	0	0	0	0	0

(　　　　　　　　　　　　)

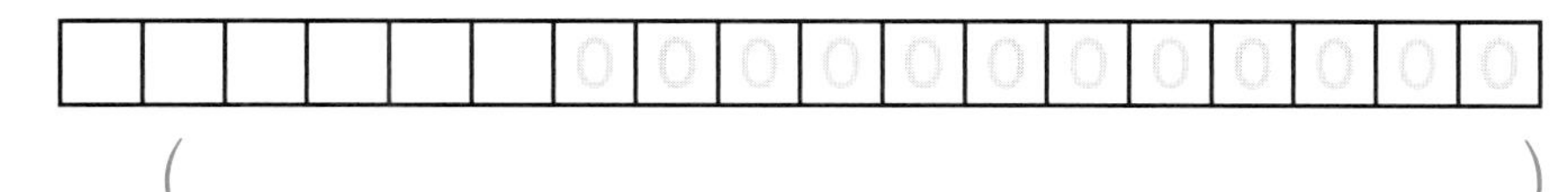

◀小学校では、大きな数としては兆までの数を学習します。
1000兆の10倍を1京といいます。
◀数が大きくなっても数のしくみは同じです。

学習日 月 日

練習 6 (2けた)÷(1けた)の筆算のしかた

答え 5ページ

例題

★54÷3 を筆算でしましょう。

とき方

$3\overline{)54}$ → $3\overline{)54}$（商1、3、2） → $3\overline{)54}$（商1、3、24） → $3\overline{)54}$（商18、3、24、24） → $3\overline{)54}$（商18、3、24、24、0）

5÷3で1をたてます。	3×1=3 5−3=2	4をおろします。	24÷3で8をたてます。	24−24=0でわり切れます。

◀大きい位(くらい)から計算します。
◀おろすものがなくなるまで計算をします。

1 次のわり算を筆算でしましょう。

① 36÷2　② 70÷5　③ 81÷3

まずは、十の位に商をたてましょう。

2 次の計算をしましょう。

① $6\overline{)78}$　② $2\overline{)58}$　③ $7\overline{)91}$　④ $5\overline{)75}$

⑤ $4\overline{)52}$　⑥ $8\overline{)96}$　⑦ $6\overline{)84}$　⑧ $3\overline{)78}$

ヒント　2 ① 十の位に1をたてて、6×1=6、7から6をひいて1、8をおろすと18になるので、18を6でわります。

学習日　月　日

練習 7 (2けた)÷(1けた)の筆算(1)

答え 5ページ

例題

★46÷3 を筆算で計算して、答えのたしかめもしましょう。

とき方

```
    15
3)46
   3
   16
   15
    1
```

わる数 × 商 + あまり = わられる数

3 × 15 + 1 = 46

◀わる数に商をかけて、あまりをたしたとき、わられる数になれば計算はあっているといえます。

1 次の計算をして、答えのたしかめもしましょう。

① 2)73

たしかめ
（　　　　）

② 5)89

たしかめ
（　　　　）

③ 7)82

たしかめ
（　　　　）

④ 3)89

たしかめ
（　　　　）

⑤ 6)76

たしかめ
（　　　　）

⑥ 4)61

たしかめ
（　　　　）

ヒント

1 ①　73÷2＝○あまり△になるね。たしかめをするときの、わる数は2、商は○、あまりは△だよ。

学習日　月　日

練習 8 (2けた)÷(1けた)の筆算(2)

答え 6ページ

例題

★65÷6 を筆算で計算しましょう。

とき方

6)65 → 6)65 (商 1, 6, ここに0はかきません。) → 6)65 (商 1, 6, 5) → 6)65 (商 10, 6, 5, 0) → 6)65 (商 10, 6, 5, 0, 5)

6÷6で1をたてます。	6×1=6 6−6=0で 0はかきません。	5をおろします。	5は6でわれないので、0をたてます。	5−0=5で5あまります。

◀十の位(くらい)からわっていきます。

◀一の位に0がたつ場合もあります。

1 次の計算をしましょう。

① 2)68　② 4)48　③ 3)96

④ 2)86　⑤ 3)92　⑥ 7)75

⑦ 5)53　⑧ 4)82　⑨ 3)61

ヒント

1 ⑤ 十の位に3がたつね。9から9をひいて0、2をおろすよ。2は3より小さいので、一の位は0がたつよ。

練習 9 (3けた)÷(1けた)の筆算のしかた

学習日　　月　　日

答え 6ページ

例題

★735÷4 を筆算でしましょう。

とき方

```
    1          18          183
4)735  →   4)735   →   4)735
            4           4
            33          33
            32          32
             1           15
                         12
                          3
```

7÷4で1をたてます。
4×1=4
7−4=3

3をおろして、33÷4で8をたてます。

5をおろして、15÷4で3をたてます。
4×3=12
15−12=3
あまりが3になります。

◀百の位(くらい)から商をたてていきます。

◀わられる数が、わる数より小さくなったらあまりとします。

1 次のわり算を筆算でしましょう。

① 465÷3　② 535÷5　③ 782÷6

十の位や一の位に0がたつ場合もあるよ。

2 次の計算をしましょう。

① 6)726　② 7)784　③ 5)617　④ 8)897

⑤ 4)840　⑥ 6)654　⑦ 7)915　よくみて ⑧ 3)601

ヒント 1 ② 百の位から商をたてていくよ。3は5より小さいので、十の位は0がたつね。

学習日　　月　　日

練習 10 （3けた）÷（1けた）の筆算

答え　7ページ

例題

★195÷4 を筆算でしましょう。

とき方

4）195 → 4）195（商 4、16、3） → 4）195（商 48、16、35、32、3）

百の位の１は4より小さいので、百の位に商はたちません。

19÷4 で 4をたてます。4×4＝16　19－16＝3

5をおろして 35　35÷4 で 8をたてます。4×8＝32　35－32＝3

◀もっとも大きい百の位（くらい）に商がたつかどうかをみます。

◀このとき、百の位に商がたたないので、十の位から商をたてます。

1 次のわり算を筆算でしましょう。

① 237÷3　② 426÷6　③ 304÷8　④ 284÷3

2 次の計算をしましょう。

① 5）465　② 7）315　③ 2）101　④ 8）329

⑤ 6）205　⑥ 5）253　⑦ 4）280　⑧ 7）546

2 ⑦　28÷4 で十の位に7がたつね。わられる数は0になるけど、一の位に0をたてるのをわすれないようにしよう。

学習日　　月　　日

練習 11 暗算

答え 7ページ

★72÷4 を暗算でしましょう。

とき方 72÷4 は、7÷4 で、1が　たつ。四一が4で、10
四八32で、8　あわせて 18

◀大きい十の位（くらい）から、商をたてるようにします。

暗算でしましょう。

① 42÷2　② 39÷3　③ 48÷4

④ 77÷7　⑤ 64÷2　⑥ 36÷3

2 暗算でしましょう。

① 38÷2　② 84÷7　③ 54÷3

④ 75÷3　⑤ 96÷6　⑥ 70÷5

⑦ 84÷6　⑧ 92÷4　⑨ 87÷3

⑩ 260÷2　⑪ 720÷3　⑫ 480÷6

⑬ 750÷5　⑭ 600÷4

暗算は声に出して言いながら計算しましょう。

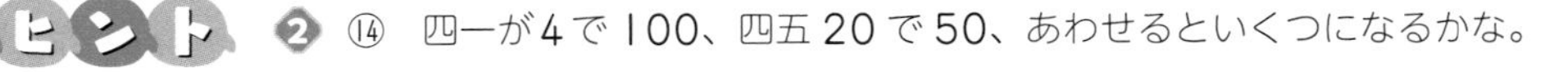

2 ⑭ 四一が4で100、四五20で50、あわせるといくつになるかな。

学習日　　月　　日

たしかめのテスト 12 1けたでわるわり算の筆算

時間 20 分

／100

ごうかく 80 点

答え 8ページ

1 次の計算で正しいものには○、まちがっているものには正しい答えをかきましょう。

各4点(12点)

①

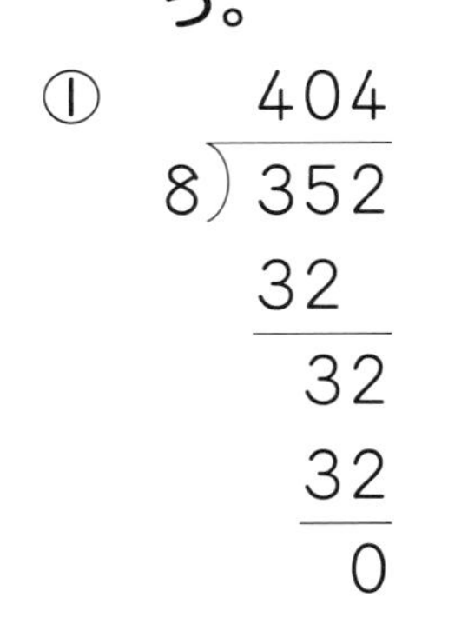

②

```
    187
3)563
  3
  26
  24
   23
   21
    2
```

③

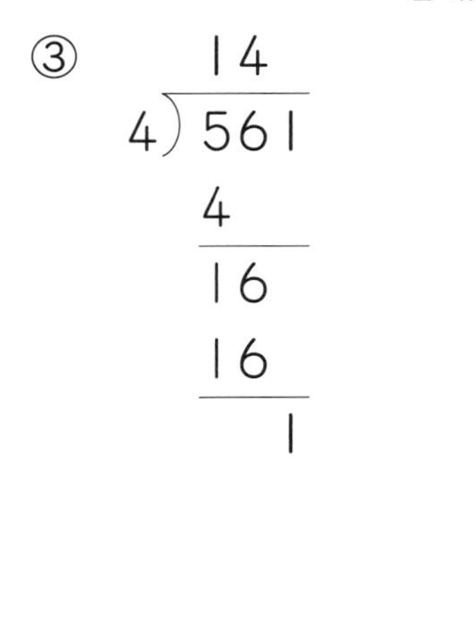

(　　　　)　(　　　　)　(　　　　)

2 次の計算をしましょう。

各4点(12点)

① 3)69

② 5)90

③ 7)84

3 次のわり算を筆算でしましょう。また、答えのたしかめもしましょう。

各5点(15点)

① $75 \div 4$

② $240 \div 7$

③ $625 \div 6$

たしかめ (　　　　)

たしかめ (　　　　)

たしかめ (　　　　)

4 次の計算をしましょう。

各4点(32点)

① $4\overline{)76}$

② $3\overline{)91}$

③ $9\overline{)477}$

④ $7\overline{)325}$

⑤ $5\overline{)430}$

⑥ $4\overline{)924}$

⑦ $6\overline{)846}$

⑧ $8\overline{)962}$

5 暗算でしましょう。

各4点(24点)

① 26÷2

② 75÷3

③ 88÷8

④ 84÷7

⑤ 65÷5

⑥ 300÷6

6 活用

右のわり算で、商が2けたになるのは、□にどんな数をあてはめたときですか。
あてはまる数をすべて答えましょう。

(5点)

$4\overline{)\square 37}$

(　　　　　　　　　　　　)

学習日　　月　　日

練習 13 角のはかり方とかき方

答え　9ページ

例題

★あの角の大きさをはかりましょう。

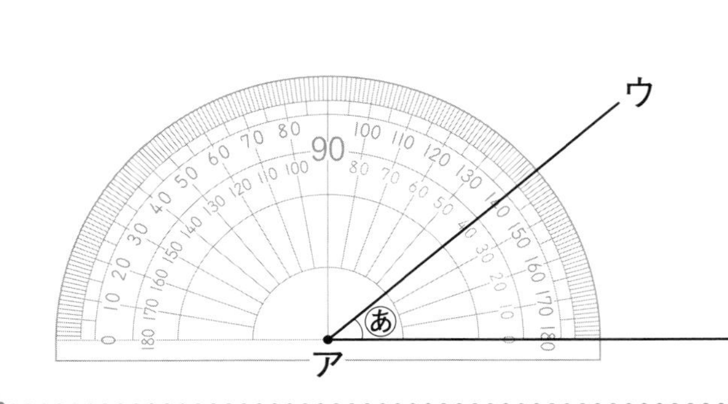

とき方

①分度器の中心を頂点アにあわせます。

②0°の線を辺アイにあわせます。

③辺アウの上にある目もりをよみます。

40°

◀ | つの頂点から出ている2つの辺がつくる形を角といいます。

◀角の大きさの単位は度(°)です。

1 次の角の大きさをはかりましょう。

① 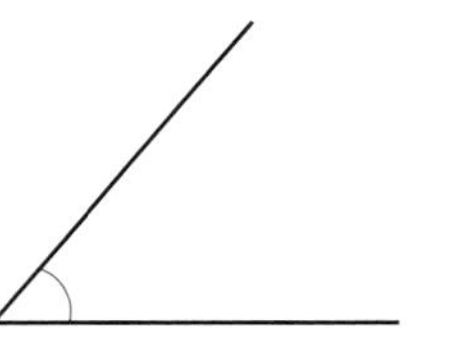

(　　　　)

② 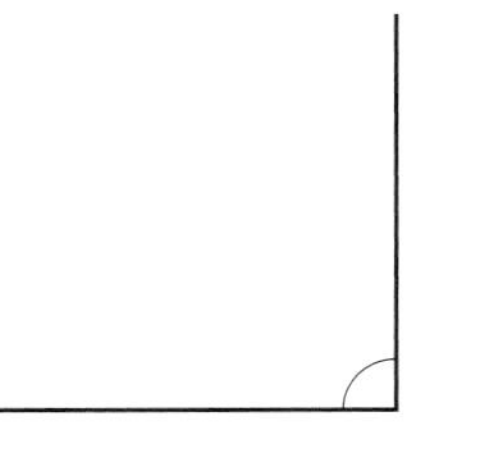

(　　　　)

③ 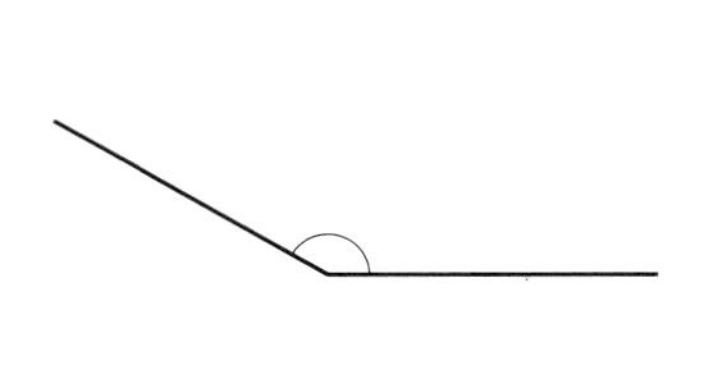

(　　　　)

④ 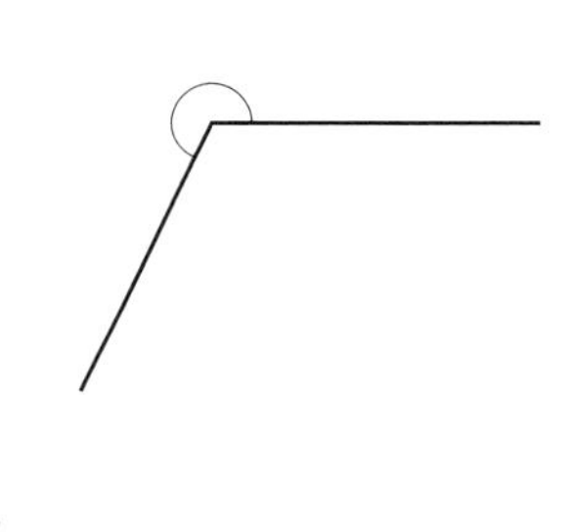

(　　　　)

⑤ 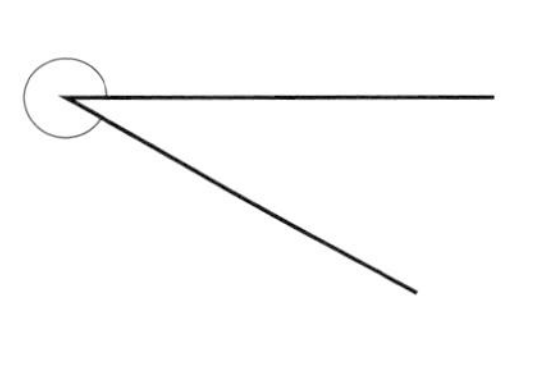

(　　　　)

辺の長さが短くてはかりにくいときは、辺をのばしてからはかりましょう。

2 次の大きさの角をかきましょう。

① 30°　　② |35°　　③ 300°

ヒント　2 ③　300°は、360°−300°=60°だから、360°より60°小さいと考えてもいいね。

14 三角形の角

学習日　　月　　日

答え　9ページ

例題

★三角じょうぎの角の大きさをはかって調べましょう。

とき方

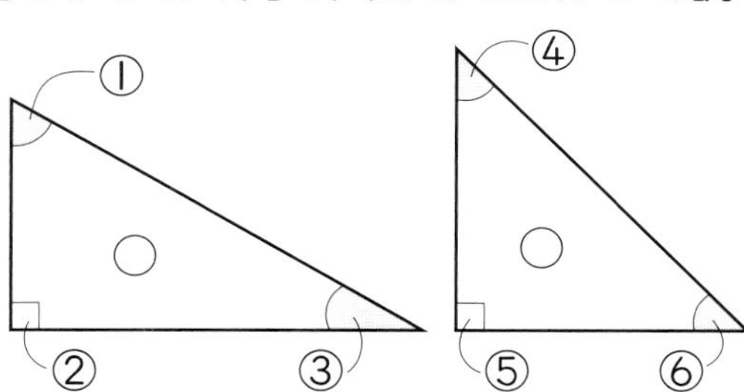

①60°　②90°
③30°　④45°
⑤90°　⑥45°

◀直角は∟のしるしをつけます。
◀角の大きさのことを角度(かくど)ともいいます。

1 Ⅰ組の三角じょうぎを使ってできたそれぞれの角の大きさは何度ですか。

①

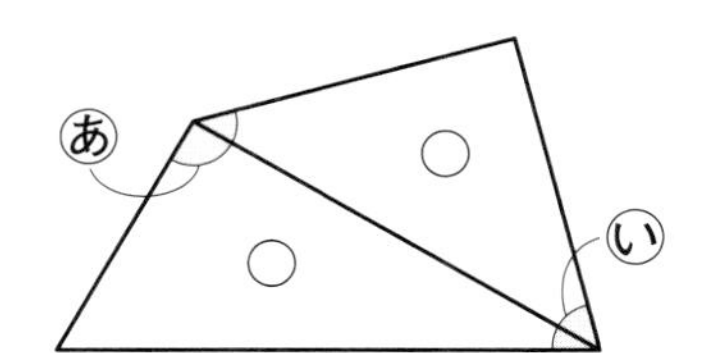

②

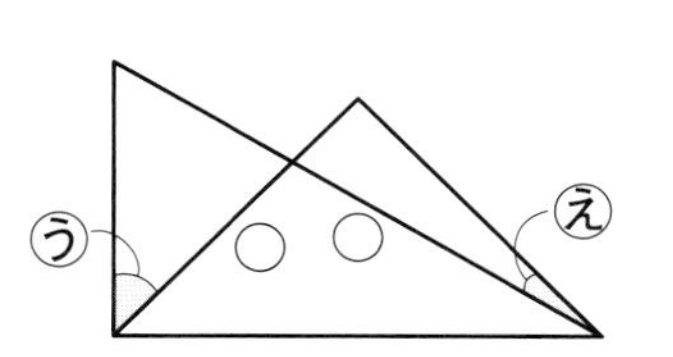

③

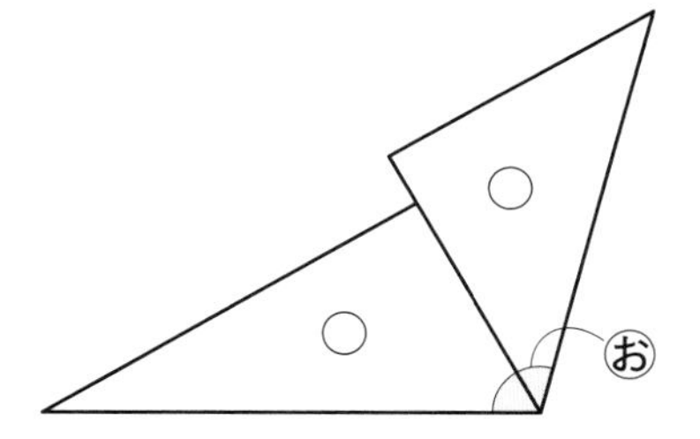

あ(　　)　い(　　)　う(　　)　え(　　)　お(　　)

④

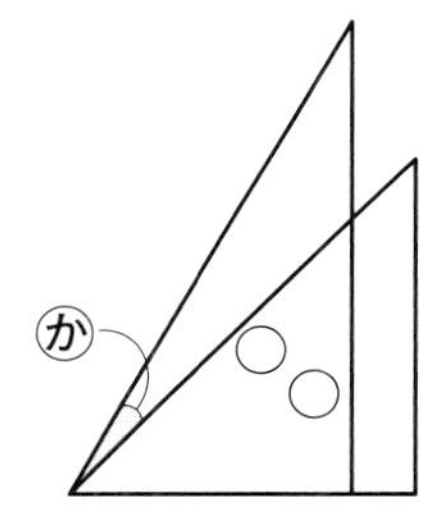

⑤

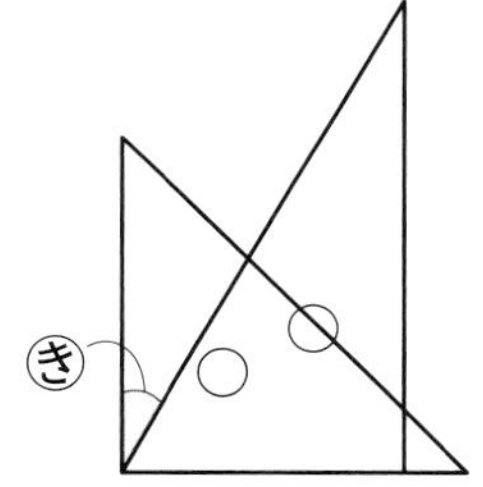

三角じょうぎは2つの形だけなので、それぞれの角度をおぼえておくといいよ。

か(　　)　き(　　)

よくみて

2 三角じょうぎを使ってできた次の角の大きさは何度ですか。

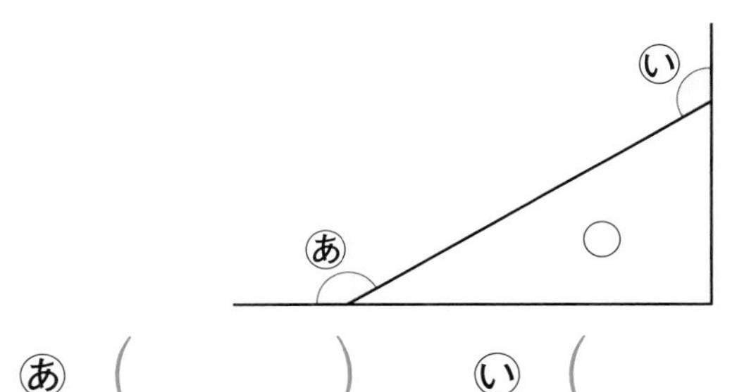

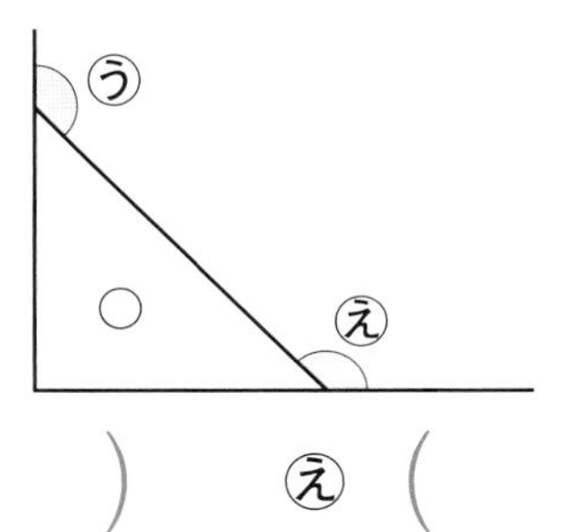

あ(　　)　い(　　)　う(　　)　え(　　)

ヒント
2 あの角ととなりの三角じょうぎの角をあわせると180°だから、あの角の大きさは、180°からとなりの角の大きさをひけばいいね。

学習日　月　日

時間 20 分　／100　ごうかく 80 点

答え 10ページ

1 □にあてはまる数をかきましょう。
□各4点(16点)

① 直角は□度で、□倍すると1回転の角になります。

② 半回転は2直角で□度になります。

③ 1回転の角を□等分すると1度になります。

2 次の角の大きさをはかりましょう。
各4点(20点)

① (　　　)

② (　　　)

③ (　　　)

④ (　　　)

⑤ (　　　)

3 次の大きさの角をかきましょう。
各4点(24点)

① 60°

② 45°

③ 130°

④ 270°

⑤ 205°

⑥ 330°

4 右のような三角形をかきましょう。 (4点)

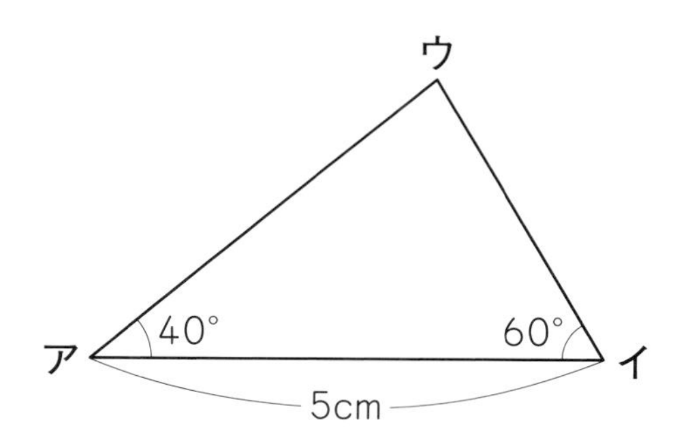

5 次の問題に答えましょう。

各4点(16点)

① あ、いの角の大きさを、計算で求めましょう。

あ (式と答え　　　　　　)

い (式と答え　　　　　　)

② あ、いの角の大きさを分度器ではかりましょう。

あ (　　　　　　)　い (　　　　　　)

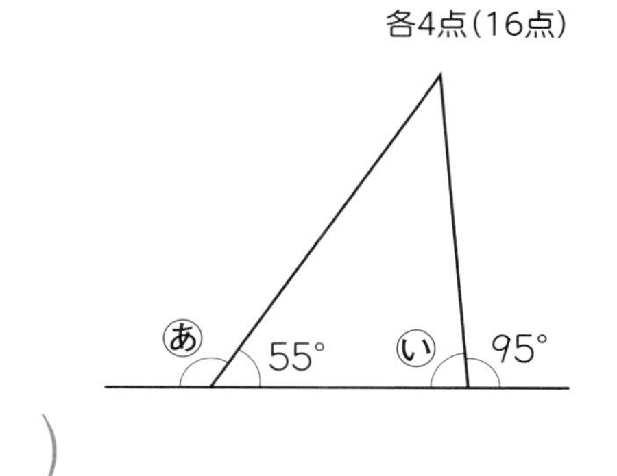

6 右の図のあ～えの角の大きさは何度ですか。

各4点(16点)

あ (　　　　)　い (　　　　)

う (　　　　)　え (　　　　)

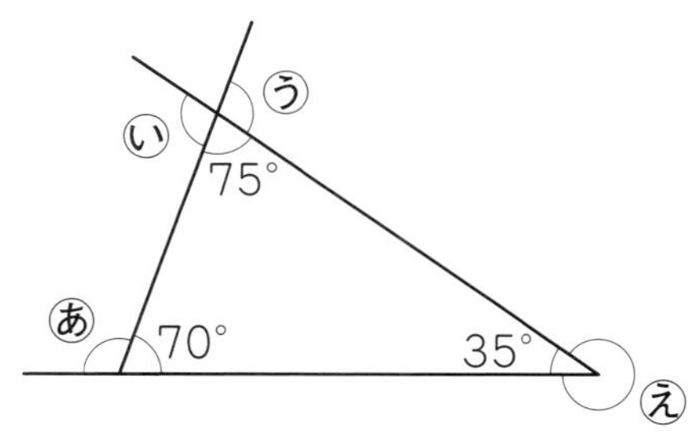

できたらスゴイ!

7 1組(2種類)の三角じょうぎを使ってできる180°より小さい角の大きさを5つ求めましょう。

(4点)

(　　　　　　　　　　　　　　)

学習日　　月　　日

練習 16 小数の表し方としくみ

答え 11ページ

例題

★4723 m は何 km ですか。

とき方 4000 m は　4 km

723 m は　0.1 km が7つ分で、　0.7 km

0.01 km が2つ分で、　0.02 km

0.001 km が3つ分で、0.003 km

あわせて　4.723 km

◀1000 m…1 km
100 m…0.1 km
10 m…0.01 km
1 m…0.001 km

1 (　　)の中の単位(たんい)で表しましょう。

① 480 m　(km)　(　　　)

② 3745 g　(kg)　(　　　)

③ 2.7 km　(m)　(　　　)

④ 7.2 m　(cm)　(　　　)

2 □にあてはまる数をかきましょう。

① 0.01 を 24 こ集めた数は□です。

② 0.73 は、0.1 を□こと、0.01 を□こあわせた数です。

③ 1.648 は 0.001 を□こ集めた数です。

④ 2.793 の $\frac{1}{100}$ の位(くらい)の数字は□で、3は□の位の数字です。

3 次の数を 10 倍した数は何ですか。また、10 でわった数は何ですか。

① 4　10 倍した数(　　　)　10 でわった数(　　　)

② 0.8　10 倍した数(　　　)　10 でわった数(　　　)

③ 1.03　10 倍した数(　　　)　10 でわった数(　　　)

④ 0.06　10 倍した数(　　　)　10 でわった数(　　　)

ヒント　**1** ④　1 m は 100 cm だよ。1 m は 1000 cm ではないから気をつけようね。

学習日　　月　　日

練習 17 小数の大小

答え 11ページ

例題

★0.32 と 1.15 を下の数直線に表しましょう。

とき方 ・0.32 は、0.1 を3こと、0.01 を2こあわせた数だから、0から大きい目もりが3つと、さらに小さい目もりが2つのところになります。
・1.15 は、数直線の1から大きい目もりが1つと、さらに小さい目もりが5つのところになります。

◀大きい目もりは1を10等分しているので、0.1 を表します。
◀小さい目もりは 0.1 を10等分しているので、0.01 を表します。

1 次の数直線をみて答えましょう。

1.2　　1.3

① 大きい目もり1目もりはいくつですか。（　　　）

② 小さい目もり1目もりはいくつですか。（　　　）

よくみて

2 次の㋐、㋑、㋒、㋓にあたる数をかきましょう。

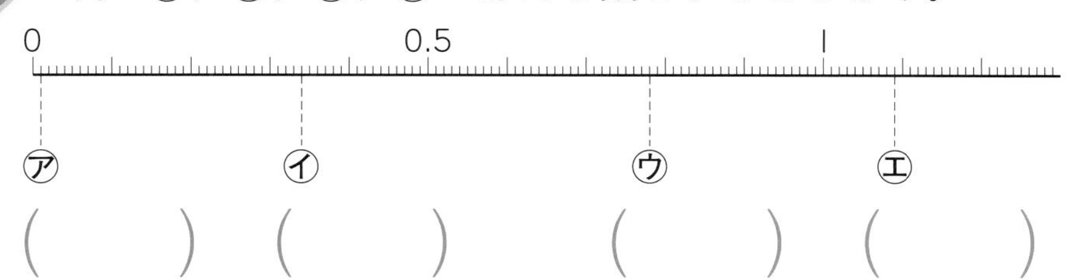

（　　）（　　）（　　）（　　）

小数も整数も数のしくみは同じだよ。

3 次の数を下の数直線に表しましょう。

① 2.58　② 2.49　③ 2.528　④ 2.549

2.5　　2.6

ヒント ❶ ① 大きい目もりは 1.2 から 1.3 までの 0.1 を 10 等分しているよ。

学習日　月　日

練習 18 小数のたし算の筆算

答え 12ページ

例題

★4.62＋3.25 を筆算でしましょう。

とき方

```
  4.62
+ 3.25
  7.87
```

① 位(くらい)をたてにそろえてかきます。
② 小数第二位(しょうすうだいにい)、小数第一位、一の位の順(じゅん)に計算します。
③ 上にそろえて、小数点を入れます。

◀整数のときの筆算と同じように、位をたてにきちんとそろえます。

1 次のたし算を筆算でしましょう。

① 1.27＋3.19　② 4.1＋8.35　③ 2.68＋3.32

2 次のたし算を筆算でしましょう。

① 4.03＋5.25　② 4.37＋0.49　③ 7＋2.32

④ 6.67＋4　⑤ 7.18＋0.82　⑥ 0.62＋0.08

⑦ 2.03＋0.57　まちがい注意 ⑧ 7.36＋2.64

7は、7.00 と考えて計算しましょう。

ヒント

2 ④ 右のように位をたてにそろえてかくよ。4 を 4.00 と考えるんだね。

```
  6.67
+ 4
```

学習日　　月　　日

19 小数のひき算の筆算

答え 12ページ

例題

★7.89－6.57 を筆算でしましょう。

とき方

```
  7.8 9
－6.5 7
  1.3 2
```

① 位(くらい)をたてにそろえてかきます。

② 小数第二位(しょうすうだいにい)、小数第一位、一の位の順(じゅん)に計算します。

③ 上にそろえて、小数点を入れます。

◀整数のときの筆算と同じように、位をきちんとそろえます。

1 次のひき算を筆算でしましょう。

① 8.52－3.39　　② 4.12－3.47　　③ 5－2.76

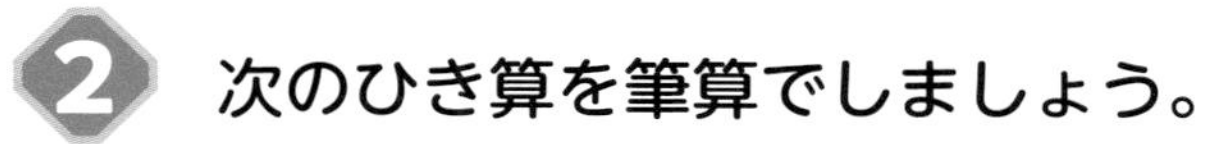

2 次のひき算を筆算でしましょう。

① 4.23－0.18　　② 8.41－7.54　　③ 5.28－4.38

④ 6.28－4.2　　⑤ 9.37－3.3

一の位の0は省(はぶ)かないよ！

⑥ 3－1.49　　⑦ 7－6.76　　⑧ 9－0.27

ヒント

1 ③ 右のように位をたてにそろえてかくよ。5を5.00と考えるんだね。

```
  5
－2.7 6
```

学習日　　月　　日

時間 20 分　／100　ごうかく 80 点

たしかめのテスト 20 小　数

答え 13 ページ

1 □にあてはまる数をかきましょう。

□各2点（12点）

① 1を3こと、0.1を5こ、0.01を2こあわせた数は□です。

② 0.52は、0.1を□こと、0.01を□こあわせた数です。

③ 3.246は、0.001を□こ集めた数です。

④ 1.425の $\frac{1}{10}$ の位（くらい）の数字は□で、5は□の位の数字です。

2 （　　）の中の単位（たんい）で表しましょう。

各2点（12点）

① 3048 g （kg）　（　　　）

② 2.3 m （cm）　（　　　）

③ 0.04 km （m）　（　　　）

④ 95 cm （m）　（　　　）

⑤ 705 m （km）　（　　　）

⑥ 0.06 kg （g）　（　　　）

3 ①、②、③は10倍した数、④、⑤、⑥は10でわった数をかきましょう。

各3点（18点）

① 0.7　（　　　）

② 0.05　（　　　）

③ 2.03　（　　　）

④ 4　（　　　）

⑤ 0.3　（　　　）

⑥ 1.46　（　　　）

4 次の数を大きいものから順（じゅん）に、①、②、③、④、⑤と番号をつけましょう。

（全部できて4点）

1.08	0.09	0	1.23	0.92
（　）	（　）	（　）	（　）	（　）

5 次のたし算を筆算でしましょう。

各3点(27点)

① 5.71＋2.53　② 6.02＋3.09　③ 1.07＋0.98

④ 4＋2.34　⑤ 6.42＋6　⑥ 5.7＋6.18

⑦ 4.96＋5.7　⑧ 4.43＋3.57　⑨ 2.52＋0.48

6 次のひき算を筆算でしましょう。

各3点(27点)

① 7.48−3.26　② 4.53−1.56　③ 6.02−0.79

④ 3.17−2.38　⑤ 5.03−3.25　⑥ 9.61−7.6

⑦ 7.1−4.82　⑧ 8−4.29　⑨ 10−2.98

21 計算のふく習テスト①

本文 2〜25 ページ　答え 14 ページ

1 次の計算をしましょう。

各2点(16点)

① 232×214

② 353×278

③ 91×248

④ 396×366

⑤ 229×405

⑥ 157×303

⑦ 308×604

⑧ 701×809

2 次の計算をしましょう。

各3点(36点)

① 5)78

② 8)95

③ 4)92

④ 3)78

⑤ 6)774

⑥ 4)812

⑦ 5)567

⑧ 7)651

⑨ 2)149

⑩ 9)585

⑪ 8)328

⑫ 6)302

3 次の計算を暗算でしましょう。

各2点(12点)

① $24 \div 2$　② $84 \div 4$　③ $63 \div 3$

④ $85 \div 5$　⑤ $90 \div 6$　⑥ $3600 \div 6$

4 次の計算を筆算でしましょう。

各2点(36点)

① $4.13 + 2.86$　② $6.07 + 2.06$　③ $8.06 + 0.95$

④ $4 + 3.27$　⑤ $2.14 + 8$　⑥ $0.63 + 4.2$

⑦ $1.27 + 3.73$　⑧ $6.45 + 0.55$　⑨ $4.57 + 3.68$

⑩ $7.71 - 2.47$　⑪ $3.66 - 1.69$　⑫ $6.02 - 0.98$

⑬ $5.33 - 4.65$　⑭ $8.04 - 7.93$　⑮ $4.28 - 2.2$

⑯ $9.5 - 3.26$　⑰ $5 - 3.14$　⑱ $10 - 2.28$

学習日　月　日

練習 22 何十でわるわり算

答え 15ページ

例題

★60÷30 の計算をしましょう。

とき方 10 をもとにして考えると、60÷30 の答えは、6÷3 の答えと同じになります。

60÷30=2

◀0をそれぞれとり、1けたどうしの計算におきかえます。

1 次のわり算をしましょう。

① 80÷20　② 90÷30　③ 50÷50

④ 160÷40　⑤ 350÷50　⑥ 180÷60

⑦ 320÷40　⑧ 540÷90　⑨ 480÷80

2 次のわり算をして、あまりも求(もと)めましょう。

① 50÷20　② 80÷30　③ 190÷30

50÷20 の あまりは、1ではないよ。

④ 400÷60　⑤ 530÷70　⑥ 260÷50

2 ③ 10 をもとにして考えると、19÷3=6 あまり 1 だね。
あまりの 1 は、10 が 1 こあまるということだよ。

学習日　　月　　日

練習 23 商が１けたになるわり算の筆算

答え　15ページ

例題

★96÷24 を筆算でしましょう。

とき方

24)96 → 24)96（商 4）→ 24)96（商 4、96）→ 24)96（商 4、96、0）

9÷2で４を一の位にたてます。

24に４をかけると96になります。

96をひくと、０になります。

◀たてる→かける→ひくの順に計算していきます。

1 次の計算をしましょう。

① 12)48

② 25)75

③ 31)93

④ 43)86

⑤ 23)69

⑥ 27)54

⑦ 37)74

⑧ 22)88

⑨ 17)68

⑩ 52)312

⑪ 35)140

⑫ 43)258

1 ⑩ 300÷50 と考え、30÷5 から商を６と見当をつけよう。商は一の位にたてるよ。

学習日　　月　　日

24 見当をつけた商のなおし方

答え　16ページ

例題

★81÷27を筆算でしましょう。

とき方

27)81	→	27)81（商 4） 108	→	27)81（商 3）	→	27)81（商 3） 81 0
80÷20と考え、商の見当をつけます。		見当をつけた商の4を一の位にたて、27×4の計算をします。		商が4では大きすぎるので、1小さい3をたてます。		27×3の計算をします。 81−81＝0

◀見当をつけた商が大きすぎたときは、1ずつ小さくしていきます。

1 次の計算をしましょう。

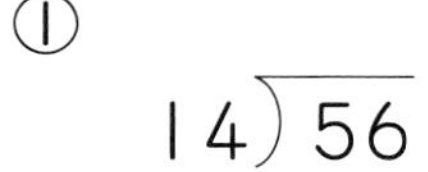

① 14)56　　② 19)95　　③ 25)100

④ 38)152　　⑤ 49)245　　⑥ 27)135

よくみて

⑦ 26)234　　⑧ 37)222　　⑨ 18)108

⑩ 28)196　　⑪ 56)504

見当をつけた商が10になるときは、まず9をたてましょう。

❶ ③　100÷20と考え、10÷2から、5を一の位にたてると、25×5＝125だね。100から125はひけないので、商を1小さくしてみよう。

学習日　　月　　日

25 あまりのあるわり算の筆算

答え 16ページ

例題

★94÷23 を筆算でしましょう。

とき方

$23\overline{)94}$ 一の位に4をたてます。 → $23\overline{)94}$（商 4）、92　23×4＝92 → $23\overline{)94}$（商 4）、92、2…あまり　94−92＝2

◀90÷20 と考え、9÷2 から商を4と見当をつけます。

1 次の計算をしましょう。

① $22\overline{)68}$

② $35\overline{)79}$

③ $48\overline{)97}$

④ $31\overline{)97}$

⑤ $18\overline{)62}$

⑥ $52\overline{)82}$

⑦ $35\overline{)215}$

⑧ $51\overline{)445}$

⑨ $27\overline{)132}$

⑩ $56\overline{)512}$

まちがい注意

⑪ $34\overline{)303}$

あまりは
かならず
わる数より
小さくなるよ。

ヒント　(わる数)×(商)＋(あまり)＝(わられる数)の式で答えのたしかめをしてみよう。

学習日　　月　　日

練習 26 商が2けたになるわり算の筆算

答え 17ページ

例題

★414÷23 を筆算でしましょう。

とき方

```
      1                  1                  18
23)414   →   23)414   →   23)414
    23                 23                 23
    18                 184                184
                                          184
                                            0
```

41÷23 で、十の位(くらい)に1をたてます。
23×1=23
41−23=18

4をおろして184

184÷23 で、一の位に8をたてます。

◀商をたてる、かける、ひく、おろすのあとに、もう一度、商をたてる、かける、ひくがくり返されています。

1 次の計算をしましょう。

① 35)385

② 28)896

③ 46)966

2 次の計算をしましょう。

① 42)756

② 37)962

③ 18)522

④ 26)678

⑤ 55)3960

⑥ 74)4870

ヒント

2 ⑤ 39は55より小さいので、商は百の位にたたないね。
390÷50と考え、39÷5から商を7と見当をつけよう。

学習日　　月　　日

練習 27 商が3けたになるわり算の筆算

答え 17ページ

例題

★8688÷24 を筆算でしましょう。

とき方

```
      3              36             362
24)8688  →   24)8688  →   24)8688
   72             72             72
   14             148            148
                  144            144
                    4              48
                                   48
                                    0
```

86÷24 で、
百の位に3をたてます。
24×3=72
86−72=14

8をおろします。
148÷24 で
十の位に6をたてます。
24×6=144
148−144=4

8をおろします。
48÷24 で一の位に
2をたてます。

◀商をたてる、かける、ひく、おろすを、2回くり返したあとに、もう一度、商をたてる、かける、ひくの計算をします。

1 次の計算をしましょう。

たてる→かける→ひく→おろすをくり返せばいいんだね。

① 13)3042

② 36)4428

③ 25)3714

④ 28)8568

⑤ 31)6610

⑥ 17)8544

⑦ 41)4592

⑧ 27)8531

1 ② 40÷30 と考えて、百の位に1をたてるよ。36×1=36 だから、44−36=8、2をおろすから、次は、82÷36 を考えるんだね。

学習日　　月　　日

練習 28 商に0のたつわり算

答え 18ページ

例題

★742÷36 を筆算でしましょう。

とき方

```
     2              2               20
36)742   →    36)742    →     36)742
    72             72              72
                   22      ここは ⎧22
                           かかなく⎩ 0
                           てもかま  22
                           いません。
```

74÷36 で、十の位に2をたてます。36×2=72

74－72=2　2をおろして 22

◀商の一の位が0になるとき、その0をかきわすれないようにします。

次の計算をしましょう。

① 15)610

② 27)553

③ 17)342

④ 29)600

⑤ 24)495

⑥ 46)503

⑦ 35)726

⑧ 19)776

よくみて

⑨ 43)900

⑩ 14)1692

⑪ 64)3245

答えのたしかめは、わる数×商＋あまり＝わられる数だったわね。

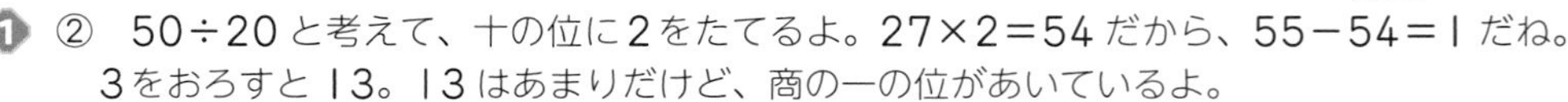

ヒント

1 ② 50÷20 と考えて、十の位に2をたてるよ。27×2=54 だから、55－54=1 だね。3をおろすと 13。13 はあまりだけど、商の一の位があいているよ。

学習日　　月　　日

29 わり算のせいしつ

答え　18ページ

例題

★60÷30 をわり算のせいしつを使って計算しましょう。

とき方　わられる数とわる数を 10 でわると、6÷3

60÷30＝6÷3＝<u>2</u>

◀わり算では、わられる数とわる数に同じ数をかけても、わられる数とわる数を同じ数でわっても、商は同じになります。

1　次のわり算をしましょう。

わり算のせいしつは、けた数の多いわり算に役立つね。

①　80÷20　　②　270÷30

③　400÷80　　④　4900÷700　　⑤　3000÷500

⑥　5400÷900　　⑦　16 万÷8 万　　⑧　48 万÷6 万

2　次のわり算を、例（れい）のようにくふうして、計算しましょう。

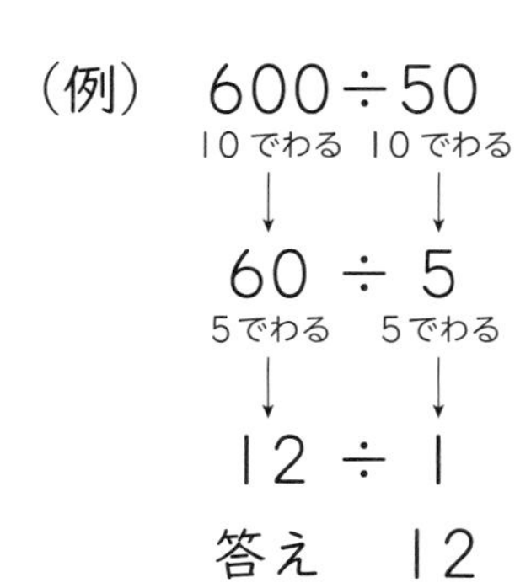

よくみて

①　400÷25　　②　800÷16

③　7500÷2500　　④　90000÷180　　⑤　6000÷150

ヒント　2 ①　25 を 4 倍すると 100 になるよ。400 も 4 倍して計算してみよう。

学習日　　月　　日

30 2けたでわるわり算の筆算

時間 20分
/100
ごうかく 80点

答え 19ページ

1 次のわり算をしましょう。

各3点(18点)

① 40÷20　② 90÷30　③ 80÷40

④ 60÷20　⑤ 100÷20　⑥ 180÷60

2 次の計算をしましょう。

各3点(36点)

① 23)69　② 14)70　③ 31)80

④ 36)108　⑤ 53)226　⑥ 64)512

⑦ 78)664　⑧ 27)81　⑨ 38)197

⑩ 29)146　⑪ 23)207　⑫ 48)452

3 次の計算をしましょう。

各3点(36点)

① $21\overline{)525}$

② $17\overline{)578}$

③ $27\overline{)864}$

④ $41\overline{)926}$

⑤ $25\overline{)805}$

⑥ $36\overline{)900}$

⑦ $37\overline{)8658}$

⑧ $43\overline{)9632}$

⑨ $73\overline{)2044}$

⑩ $56\overline{)2556}$

⑪ $83\overline{)1909}$

⑫ $91\overline{)2210}$

4 次のわり算をくふうしてしましょう。

各2点(10点)

① 600÷200

② 2800÷700

③ 900÷50

④ 5000÷250

できたらスゴイ!

⑤ 7000÷250

学習日　　月　　日

練習 31 (　　)のある式

答え 20ページ

例題

★500－(270＋120)の計算をしましょう。

とき方 500－(270＋120)
＝500－390
＝110

◀(　　)のある式では、(　　)の中をさきに計算します。

1 次の計算をしましょう。

① 100＋(50－30)

② 80－(30＋15)

③ 300－(200＋40)

④ 270＋(80－60＋50)

⑤ 69－32－(48－25)

⑥ 16÷(32－24)

⑦ 5×(28－6)

⑧ (38＋34)÷6

⑨ (40＋20)×7

⑩ (50＋40)÷(19－10)

⑪ (45－25)×(23－15)

(　　)の中をさきに計算しないと、答えがちがってしまうよ。

ヒント

1 ⑤ 48－25をさきに計算するよ。48－25＝23だから、式は69－32－23となるね。あとは前から順番(じゅんばん)に計算していけばいいよ。

学習日　　月　　日

練習 32 式と計算の順じょ

答え 20ページ

例題

★6×(10−8÷2)の計算をしましょう。

とき方 6×(10−8÷2)
=6×(10−4)
=6×6
=36

◀かけ算より、(　　)の中をさきに計算します。
◀(　　)の中では、ひき算より、わり算をさきに計算します。

1 次の計算をしましょう。

① 9+14×5

② 17−32÷4

③ 65−18×3

④ 7×3+13×2

⑤ 15×(6+30)÷6

⑥ 5×(10−4÷2)

⑦ 5×(10−4)÷2

⑧ (8×7−4)÷4

⑨ 8×(7−4÷4)

計算の順じょは、
①左から順に計算
②(　　)の中をさきに計算
③+、−と×、÷では×、÷をさきに計算だよ。

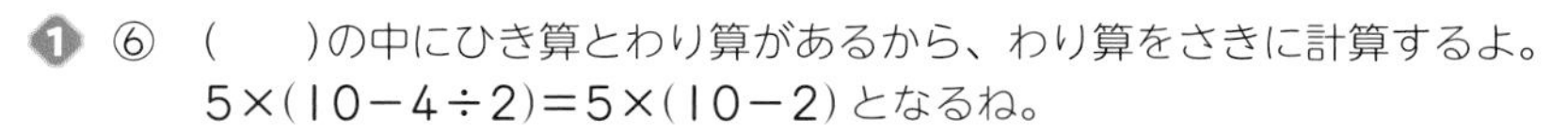
1 ⑥ (　　)の中にひき算とわり算があるから、わり算をさきに計算するよ。
5×(10−4÷2)=5×(10−2) となるね。

学習日　　月　　日

練習 33 (　　)を使った式の計算のきまり

答え 21ページ

例題

★(18＋6)×15 と 18×15＋6×15 の計算をそれぞれしましょう。

とき方 (18＋6)×15
＝24×15
＝360
(　　)の中をさきに計算します。

18×15＋6×15
＝270＋90
＝360
それぞれのかけ算をさきに計算します。

◀18と6をさきにたして15をかけた数と、18と6にそれぞれ15をかけてたした数は、同じになることがたしかめられます。

1 次の計算をしましょう。

① (12＋8)×25　　② 12×25＋8×25

③ (135－35)×6　　④ 135×6－35×6

まちがい注意

2 □に7、○に6、△に5をあてはめて計算し、＝の左の式と右の式の答えが同じになることをたしかめましょう。

① (□＋○)×△＝□×△＋○×△

② (□＋○)＋△＝□＋(○＋△)

③ (□×○)×△＝□×(○×△)

ヒント

❷ ① □に7、○に6、△に5をあてはめると、左の式は(7＋6)×5、右の式は7×5＋6×5になるね。これを計算するんだよ。

学習日　　月　　日

練習 34 計算のくふう

答え 21ページ

例題

★くふうして計算しましょう。

① 48＋82＋18　　② 101×26

とき方

① 48＋82＋18＝48＋(82＋18)
＝48＋100
＝148

② 101×26＝(100＋1)×26
＝100×26＋1×26
＝2600＋26
＝2626

◀数の計算では、下のような計算のきまりがあります。

- □＋○＝○＋□
- (□＋○)＋△＝□＋(○＋△)
- (□×○)×△＝□×(○×△)
- (□＋△)×○＝□×○＋△×○

1 くふうして計算しましょう。とちゅうの式もかきましょう。

① 73＋95＋5　　② 0.8＋7.5＋0.2

③ 4.3＋7＋5.7　　よくみて ④ 20×35

⑤ 36×25

25×16
＝25×(4×4)
＝(25×4)×4
＝100×4＝400
と考えるよ。

⑥ 103×12　　⑦ 102×27

⑧ 99×4　　⑨ 98×32

ヒント

1 ② 0.8＋7.5＋0.2＝0.8＋0.2＋7.5 として計算を進めよう。
たし算のきまりには、□＋○＝○＋□というものもあるね。

学習日　　月　　日

練習 35 たし算、ひき算の計算の間の関係

答え 22ページ

例題

★次の□にあてはまる数を求(もと)めましょう。

① □＋3.4＝5.6　　② □－2.5＝4.3

とき方　① □＋3.4＝5.6

□＝5.6－3.4

□＝2.2

(□ →3.4をたす。→ 5.6、5.6 →3.4をひく。→ □)

② □－2.5＝4.3

□＝4.3＋2.5

□＝6.8

(□ →2.5をひく。→ 4.3、4.3 →2.5をたす。→ □)

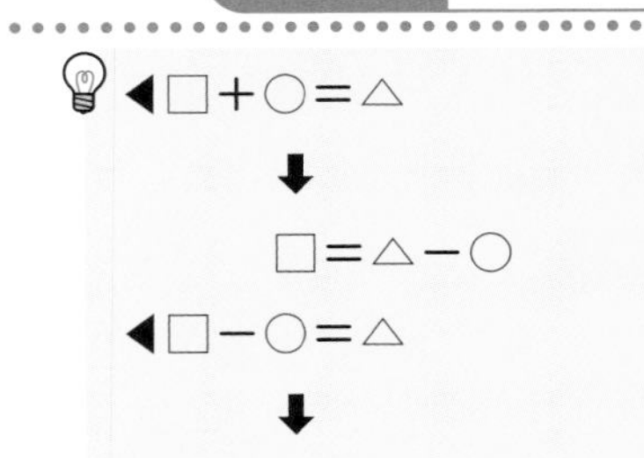

1 次の□にあてはまる数を求めましょう。とちゅうの式もかきましょう。

① □＋5＝16　　(　　　)

② □＋8＝17　　(　　　)

③ □＋2.4＝6　　(　　　)

④ □＋5.6＝7.2　　(　　　)

⑤ □＋5.4＝8.1　　(　　　)

⑥ □＋4.7＝6.2　　(　　　)

2 次の□にあてはまる数を求めましょう。とちゅうの式もかきましょう。

① □－10＝58　　(　　　)

② □－21＝43　　(　　　)

③ □－3.4＝7　　(　　　)

④ □－4.5＝1.6　　(　　　)

⑤ □－6.3＝1.9　　(　　　)

⑥ □－3.8＝5.6　　(　　　)

ヒント

1 たされる数を求めるときは、ひき算になるよ。

2 ひかれる数を求めるときは、たし算になるよ。

学習日　月　日

練習 36 かけ算、わり算の計算の間の関係

答え 22ページ

例題

★次の□にあてはまる数を求(もと)めましょう。

① □×5＝20　② □÷4＝6

とき方

① □×5＝20
□＝20÷5
□＝4

□ 5をかける。→ 20 / 5でわる。

② □÷4＝6
□＝6×4
□＝24

□ 4でわる。→ 6 / 4をかける。

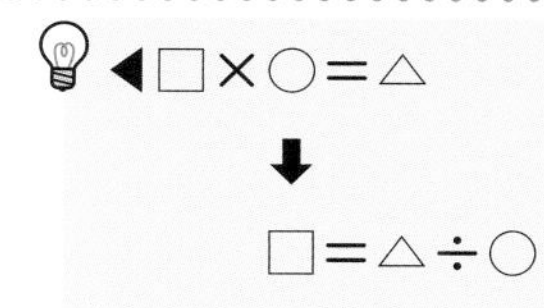

◀□×○＝△
⬇
□＝△÷○

◀□÷○＝△
⬇
□＝△×○

1 次の□にあてはまる数を求めましょう。とちゅうの式もかきましょう。

① □×7＝42　(　　　)
② □×8＝72　(　　　)
③ □×6＝30　(　　　)
④ □×5＝45　(　　　)
⑤ □×3＝69　(　　　)

⊕→⊖、⊖→⊕、
⊗→⊘、⊘→⊗

2 次の□にあてはまる数を求めましょう。とちゅうの式もかきましょう。

① □÷3＝8　(　　　)
② □÷6＝9　(　　　)
③ □÷9＝9　(　　　)
④ □÷7＝10　(　　　)
⑤ □÷3＝15　(　　　)
⑥ □÷6＝90　(　　　)

ヒント

1 かけられる数を求めるときは、わり算になるよ。
2 わられる数を求めるときは、かけ算になるよ。

学習日　月　日

37 式と計算の順じょ

時間 20 分　／100　ごうかく 80 点

答え 23 ページ

1 次の計算をしましょう。　各4点(56点)

① $34-(18+6)$

② $(16+4)\div 5$

③ $3\times(12+18)$

④ $56\div(17-9)$

⑤ $36+6\div 2$

⑥ $90-60\div 6$

⑦ $7\times 5+16\div 4$

⑧ $8\times 8-24\div 3$

⑨ $5\times(9-6\div 3)$

⑩ $100-15\times 2\div 6$

⑪ $(32+28)\div(22-10)$

⑫ $25+63\div 7\times 4$

⑬ $(15-49\div 7)\times 6$

⑭ $41-2\times 3+15$

2 □にあてはまる数をかきましょう。

各2点(12点)

① (2.8＋1.7)＋1.3＝2.8＋(□＋1.3)

(　　　)

② (25＋20)×4＝25×□＋20×4

(　　　)

③ 10×3－7×3＝(10－□)×3

(　　　)

④ 50×16＝50×(2×□)

(　　　)

⑤ 99×45＝□×45－1×45

(　　　)

⑥ 102×25＝100×25＋□×25

(　　　)

できたらスゴイ!

3 次の式で、答えがあうように、□にあてはまる＋、－、×、÷の記号をかきましょう。

各4点(16点)

① 7×8□6×4＝32

(　　　)

② 9－12÷4□5＝11

(　　　)

③ 13－(21□7＋6)＝4

(　　　)

④ 23＋28□2÷7＝31

(　　　)

4 次の□にあてはまる数を求(もと)めましょう。とちゅうの式もかきましょう。

各4点(16点)

① □＋2.4＝6.2

(　　　)

② □－27＝73

(　　　)

③ □×4＝28

(　　　)

④ □÷20＝4

(　　　)

学習日　　月　　日

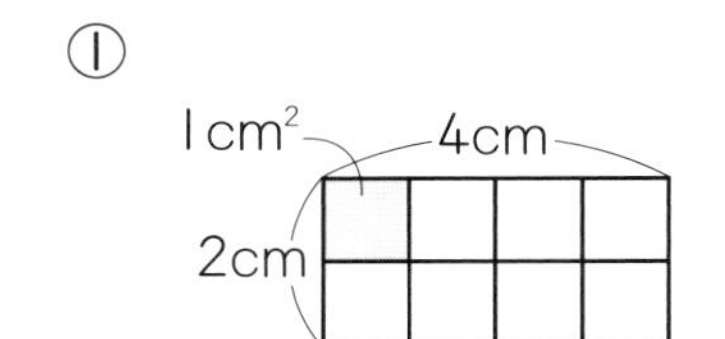

練習 38 広さの単位と長方形・正方形の面積の公式

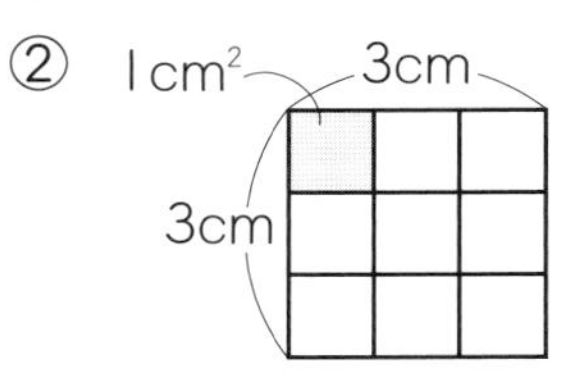

答え 24ページ

例題 ★次の長方形や正方形の面積は何 cm^2 ですか。

①
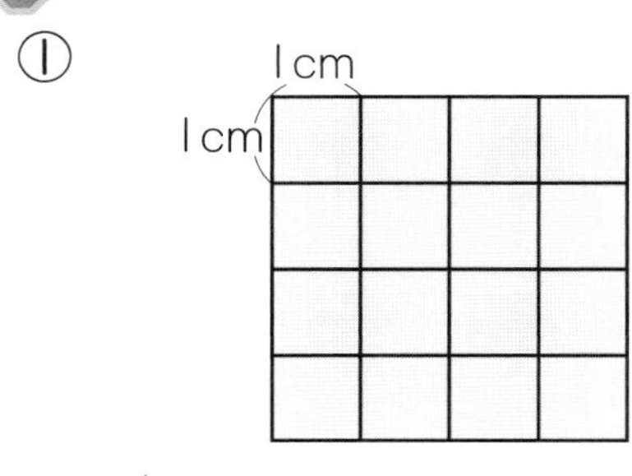

②
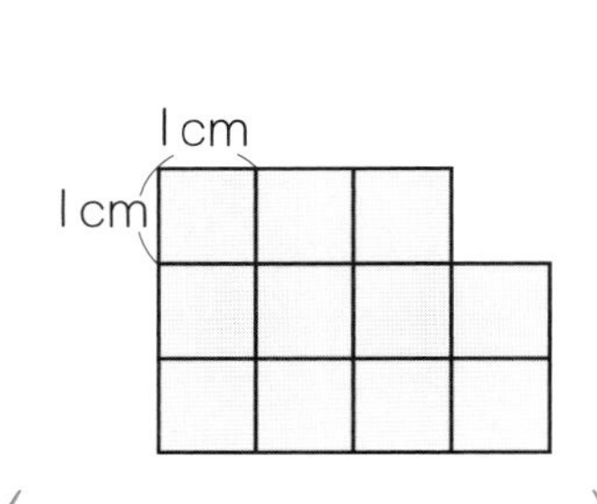

とき方 ① 長方形の面積を求めるには、
たてと横をかければいいので、$2 \times 4 = 8$　　8 cm^2

② 正方形の面積を求めるには、1辺と1辺をかければいいので、
$3 \times 3 = 9$　　9 cm^2

◀面積は1辺が1cmの正方形がいくつ分あるかで表します。
1辺が1cmの正方形の面積は1 cm^2（1平方センチメートル）です。

◀長方形の面積
＝たて×横

◀正方形の面積
＝1辺×1辺

1 次の図形の面積は、何 cm^2 ですか。

① （　　　　）　② （　　　　）　③ （　　　　）

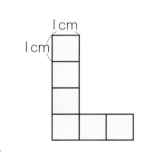

2 次の長方形や正方形の面積を求めましょう。

① たて8cm、横9cmの長方形　（　　　　）

② 1辺が12cmの正方形　（　　　　）

③ たて13m、横25mの長方形　（　　　　）

長さがmになると、m^2（平方メートル）が単位になるよ。

！まちがい注意

3 面積が84 m^2 の長方形のすな場があります。横の長さが6mのとき、たての長さは、何mになりますか。

（　　　　）

ヒント ❸ たての長さを□mとして考えるよ。長方形の面積は、たて×横で求められるから、□×6＝84と表せるね。

学習日　月　日

練習 39 大きな面積

答え 24ページ

例題

★南北 2 km、東西 4 km の長方形の形をした土地の面積(めんせき)は、何 km^2 ですか。また、何 ha ですか、何 a ですか。

とき方 長方形の面積＝たて×横 なので、

2×4＝8　　8 km^2

1 km^2 は 100 ha なので、8 km^2＝800 ha

1 km^2 は 10000 a なので、8 km^2＝80000 a

◀長さの単位(たんい)が km のときは面積の単位は km^2 になります。

◀ 1 km^2＝1000000 m^2

1 ha＝10000 m^2

1 a＝100 m^2

1 □にあてはまる数をかきましょう。

① 1 m^2＝□ cm^2

② 30000 cm^2＝□ m^2

③ 1 km^2＝□ m^2

④ 2 a＝□ m^2

⑤ 50000 m^2＝□ ha

⑥ 7000000 m^2＝□ km^2

2 次の面積を求(もと)めましょう。

① たて 4 km、横 9 km の長方形

（　　　）

② 1 辺(ぺん)が 7 km の正方形

（　　　）

③ たて 23 km、横 11 km の長方形

（　　　）

④ 1 辺が 15 km の正方形

（　　　）

よくみて

3 次の面積を求めましょう。

① たて 30 m、横 40 m の長方形の畑の面積は何 a ですか。

（　　　）

② 1 辺が 500 m の正方形の土地の面積は何 ha ですか。

（　　　）

3 ① まず、長方形の畑の面積を m^2 で求めよう。
そして、1 a＝100 m^2 を使って、a で表そう。

たしかめのテスト 40 面積

時間 20分　／100　ごうかく 80点

答え 25ページ

1 次の面積を求めましょう。

各5点(30点)

① たて 20 cm、横 30 cm の長方形　（　　　）

② 1辺が 35 cm の正方形　（　　　）

③ たて 7 m、横 14 m の長方形　（　　　）

④ 1辺が 9 km の正方形　（　　　）

⑤ たて 8 m、横 50 cm の長方形　（　　　）

⑥ 1辺が 600 m の正方形　（　　　）

2 □にあてはまる数やことばをかきましょう。

□各2点(28点)

① 長方形の面積＝□×□

② 正方形の面積＝□×□

③ 1 m は□cm だから、
$1\ m^2$ は□cm×□cm で□cm^2

④ 1辺が 100 m の正方形の面積は、□m^2 で、□ha です。

⑤ 1 km は□m だから、
$1\ km^2$ は□m×□m で□m^2 です。

3 面積が 12 a の長方形の畑があります。横の長さが 40 m のとき、たての長さは、何 m ですか。

(6点)

（　　　）

次の色のついた部分の面積を求めましょう。

各6点(36点)

①

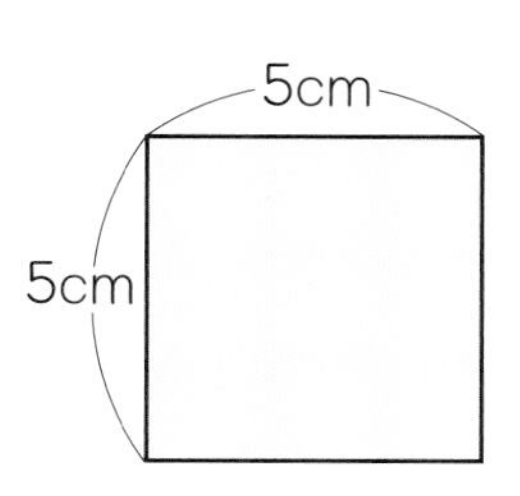

式

答え (　　　　　　)

②

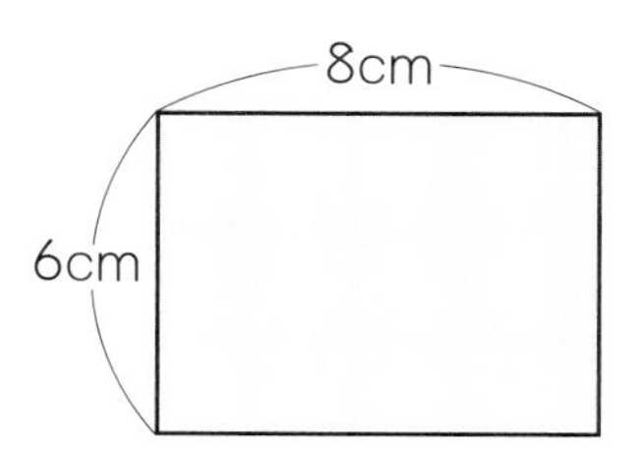

式

答え (　　　　　　)

③

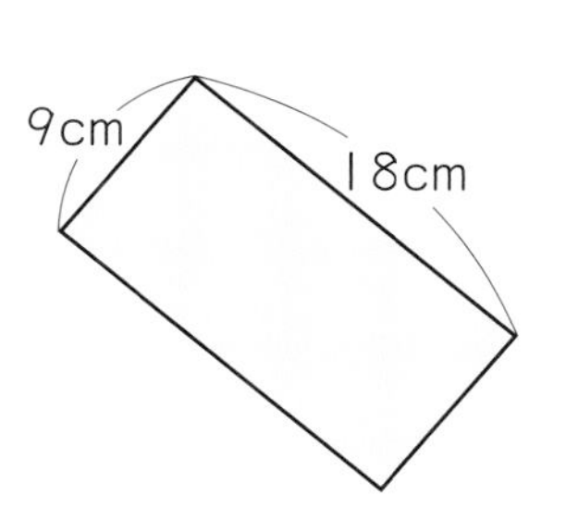

式

答え (　　　　　　)

④

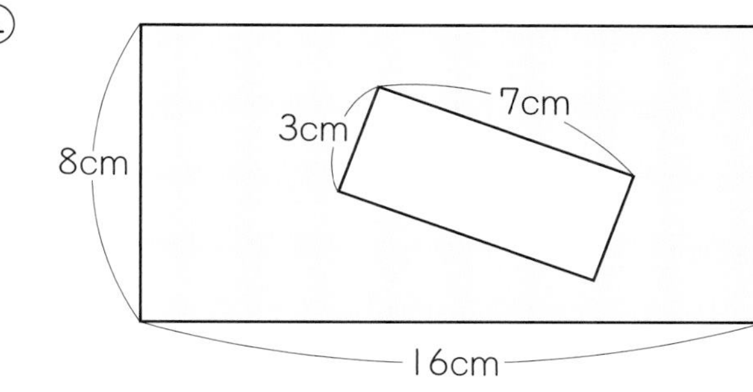

式

答え (　　　　　　)

⑤

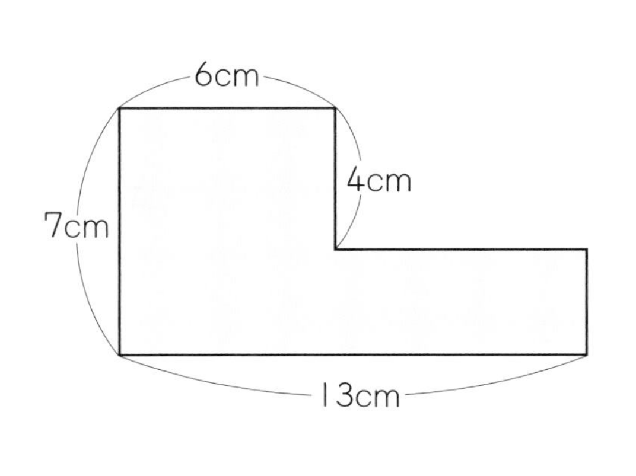

式

答え (　　　　　　)

できたらスゴイ!

⑥

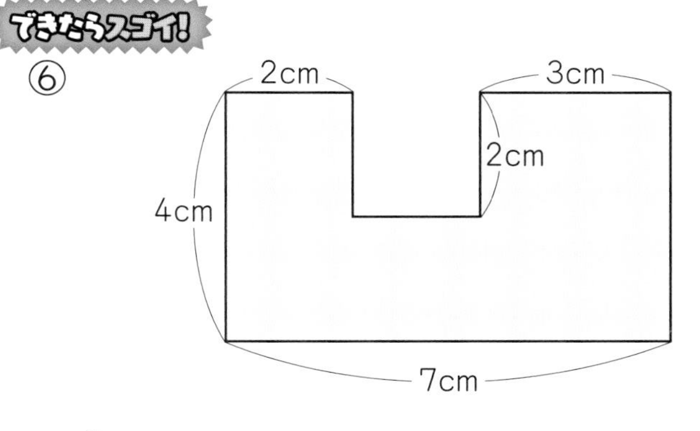

式

答え (　　　　　　)

学習日　　月　　日

41 がい数の表し方

答え 26ページ

例題

★24536を、四捨五入（ししゃごにゅう）して千の位（くらい）までのがい数にしましょう。

とき方 千の位までのがい数といわれたら、１つ下の百の位の数字を四捨五入します。

24536 ──→ 25000
└→ 切り上げます。

四捨五入では、
0、1、2、3、4のときは切り捨（す）てます。
5、6、7、8、9のときは切り上げます。

◀およその数のことをがい数といいます。
◀１つの数をある位までのがい数で表すには、そのすぐ下の位の数字を四捨五入します。

1 次の数の百の位を四捨五入しましょう。

① 1250　(　　)
② 2649　(　　)
③ 14500　(　　)
④ 3067　(　　)
⑤ 46330　(　　)

○の位を…
○の位までの…
言い方のちがいに
気をつけましょう。

2 次の数を四捨五入して、千の位までのがい数にしましょう。

① 76913　(　　)
② 324895　(　　)
③ 918060　(　　)
④ 2915873　(　　)
⑤ 190321　(　　)
⑥ 239512　(　　)

3 次の数を四捨五入して、一万の位までのがい数にしましょう。

① 536249　(　　)
② 144900　(　　)
③ 37264　(　　)

ヒント
3 ① 一万の位までのがい数にするので、すぐ下の千の位の数字を四捨五入するよ。536249の千の位の数字は6だね。

学習日　　月　　日

練習 42 いろいろながい数

答え 26ページ

例題

★8456 を、上から２けたのがい数にしましょう。

とき方 上から２けた目の位の数字は４で、すぐその下の、上から、３けた目の位の数字の５を四捨五入します。
３けた目の位の数字は５なので、切り上げて 8500

◀上から１けたのがい数であれば、上から２けた目の位を四捨五入して、8000 になります。

1 次の数を、上から２けたのがい数にしましょう。

① 1642　（　　　）
② 2053　（　　　）
③ 37226　（　　　）
④ 54900　（　　　）
⑤ 10020　（　　　）
⑥ 49821　（　　　）

2 次の数を、上から１けたのがい数にしましょう。

① 1642　（　　　）
② 2053　（　　　）
③ 37226　（　　　）
④ 54900　（　　　）
⑤ 18967　（　　　）

上から２けたの
がい数にするときは、
上から３けた目の位を、
上から１けたのがい数にする
ときは、上から２けた目の位を
四捨五入するよ。

よくみて

3 次の数を、（　　）の中のとおりにして、がい数で表しましょう。

① 364
（上から１けたのがい数）
（　　　）

② 1580
（百の位までのがい数）
（　　　）

③ 24600
（千の位を四捨五入）
（　　　）

ヒント

1 ⑤ 10020 を上から２けたのがい数にするには、上から３けた目の位の数字０を四捨五入するんだね。

学習日　月　日

練習 43 がい数の表すはんい

答え 27ページ

例題

★四捨五入して十の位までのがい数にしたとき、260人になるのは何人以上何人未満ですか。

とき方

250　255　260　265　270（人）

260になるはんい

数直線より、260人になる整数のはんいは、

255人以上265人未満

◀255人以上とは、255人に等しいかそれより多い人数。
265人未満とは、265人より少ない人数（265人ははいりません）。

◀255人以上264人以下とも表せます。

1 一の位を四捨五入して次の数になるとき、その整数のはんいを、以上、未満、以下を使って表しましょう。また、そのはんいにあたる整数をすべてかきだしましょう。

① 20

（　　　）以上（　　　）未満

（　　　　　　）

② 180

（　　　）以上（　　　）以下

（　　　　　　）

2 四捨五入して、十の位までのがい数にしたとき、次の数になる整数のはんいを、以上、未満、以下を使って表しましょう。

① 250

（　　　）以上（　　　）未満

② 2740

（　　　）以上（　　　）以下

!まちがい注意

3 1、2、3、4、5とかかれた5まいのカードをならべて5けたの整数をつくります。四捨五入で、千の位までのがい数にしたとき、32000になる整数を3つつくりましょう。

千の位までのがい数にするときは、百の位の数字を四捨五入するんだったね。

（　　　）（　　　）

（　　　）

1 ① 一の位の数字を四捨五入するとき、14は10になり、15は20になるね。また、24は20になり、25は30になるよ。

学習日　　月　　日

練習 44 和や差の見積もり

答え 27ページ

例題

★26352と91633の和と差を、一万の位までのがい数で求めましょう。

とき方 それぞれの数を、一万の位までのがい数にしてから、和や差を求めます。
26352を一万の位までのがい数にすると、30000
91633を一万の位までのがい数にすると、90000
だから、和は 120000、差は 60000 です。

◀たし算の答えを和、ひき算の答えを差といいます。
◀求めようと思う位までのがい数にしてから計算します。

1 □にあてはまる数をかいて、37174と24792の和と差を、一万の位までのがい数で求めましょう。

37174を一万の位までのがい数にすると、□
24792を一万の位までのがい数にすると、□
だから、和は□、差は□です。

がい数についての計算をがい算というよ。

2 次の和や差を、百の位までのがい数で求めましょう。

① 538＋851　（　　　）
② 3483＋5038　（　　　）
③ 7694－3875　（　　　）
④ 1475－1093　（　　　）

3 次の和や差を、千の位までのがい数で求めましょう。

① 96734＋67226　（　　　）
② 59711－20881　（　　　）
③ 37650＋90248　（　　　）
④ 87452－18246　（　　　）

ヒント
3 ① 千の位までのがい数で求めるので、96734を97000、67226を67000と千の位までのがい数にして計算するよ。

学習日　月　日

練習 45 積の見積もり

答え 28ページ

例題
★340×218の計算の答えは、およそいくつになるでしょう。がい数にして見積(みつ)もりましょう。

とき方 ふくざつなかけ算の積を見積もるには、かけられる数もかける数も、上から１けたのがい数にしてから計算します。
340 → 300、218 → 200　なので
300×200＝60000　　　60000

◀積(せき)を見積もるときはかけられる数もかける数もどちらも上から１けたのがい数にします。

1 次のかけ算の積を、上から１けたのがい数にして見積もりましょう。

① 429×185

（　　　　）

かけ算の答えのことを積というんだったね。

② 1966×3906

（　　　　）

③ 2800×407

（　　　　）

④ 8264×6830

（　　　　）

⑤ 154920×335

（　　　　）

よくみて

2 487×314のかけ算の積を、次の２つの方法で、見積もりましょう。

① 487×314の計算をしてから、答えを上から２けたのがい数にしましょう。

式

答え（　　　　）

② 487×314を、どちらも上から１けたのがい数にしてから、計算しましょう。

式

答え（　　　　）

1 ②　上から１けたのがい数にすると、2000×4000になるよ。

学習日　　月　　日

練習 46 商の見積もり

答え 28ページ

例題

★237620÷405 の答えは、およそいくつになるでしょう。がい数にして、見積もりましょう。

とき方 ふくざつなわり算の商を見積もるには、ふつう、わられる数を上から２けた、わる数を上から１けたのがい数にしてから計算し、商は上から１けただけ求めます。

237620 ──→ 240000、405 ──→ 400
（上から２けた）（上から１けた）

240000÷400＝600　　600

◀商の見積もり
わられる数→上から２けた
わる数→上から１けた
商→上から１けた
にして計算します。

1 次のわり算の商を、わられる数を上から２けた、わる数を上から１けたのがい数にして計算し、商は上から１けただけ求めて見積もりましょう。

① 423÷57　（　　　　）

② 28420÷720　（　　　　）

③ 184300÷291　（　　　　）

④ 319620÷419　（　　　　）

⑤ 244673÷7730　（　　　　）

⑥ 221560÷19000　（　　　　）

よくみて

2 2499÷51 のわり算の商を、次の２つの方法で、見積もりましょう。

① 2499÷51 の計算をしてから、答えを上から１けたのがい数にしましょう。

式

答え（　　　　）

② 2499 を上から２けたのがい数に、51 を上から１けたのがい数にしてから、計算し、答えを上から１けたのがい数にしましょう。

式

答え（　　　　）

1 ⑥ がい数にすると、220000÷20000 になるね。商は上から１けたの数にするから気をつけよう。

学習日　　月　　日

たしかめのテスト 47 がい数とその計算

時間 20分　　／100　ごうかく 80点

答え 29ページ

1 次の数を、千の位で四捨五入しましょう。　各2点(6点)

① 39532　② 14218　③ 236007

(　　)　(　　)　(　　)

2 次の数を四捨五入して、千の位までのがい数にしましょう。　各2点(6点)

① 7396　② 10537　③ 34614

(　　)　(　　)　(　　)

3 次の数を四捨五入して、一万の位までのがい数にしましょう。　各2点(12点)

① 34614　② 82293　③ 526400

(　　)　(　　)　(　　)

④ 897216　⑤ 5153909　⑥ 4998374

(　　)　(　　)　(　　)

4 次の数を四捨五入して、上から2けたのがい数にしましょう。　各2点(6点)

① 3641　② 42650　③ 29900

(　　)　(　　)　(　　)

5 次の数を四捨五入して、上から1けたのがい数にしましょう。　各2点(6点)

① 6738　② 5092　③ 74999

(　　)　(　　)　(　　)

6 四捨五入して、十の位までのがい数にしたとき、次の数になる整数のはんいを、以上（いじょう）、未満（みまん）、以下（いか）を使って表しましょう。 各6点(24点)

① 420

(　　　　)以上(　　　　)未満

② 6780

(　　　　)以上(　　　　)以下

③ 5020

(　　　　)以上(　　　　)未満

！まちがい注意

④ 2200

(　　　　)以上(　　　　)以下

できたらスゴイ！

7 四捨五入して、一万の位までのがい数で表したとき、60000になる整数があります。この数のうち、いちばん大きい数といちばん小さい数はいくつですか。 各4点(8点)

いちばん大きい数 (　　　　)

いちばん小さい数 (　　　　)

8 次の和や差（さ）を、一万の位までのがい数で求（もと）めましょう。 各4点(16点)

① 75260＋13991

(　　　　)

② 22471＋136920

(　　　　)

③ 87920－56324

(　　　　)

④ 214053－69990

(　　　　)

9 次のかけ算の積（せき）を、上から1けたのがい数にして見積（みつ）もりましょう。また、わり算の商を、わられる数を上から2けた、わる数を上から1けたのがい数にして計算し、上から1けたのがい数にして見積もりましょう。 各4点(16点)

① 2400×1906

(　　　　)

② 28730×418

(　　　　)

③ 840630÷407

(　　　　)

④ 903927÷2760

(　　　　)

48 計算のふく習テスト②

学習日　月　日

本文 28〜57 ページ　答え 30 ページ

1 次のわり算をしましょう。

各2点(12点)

① 50÷10　② 80÷40　③ 140÷20

④ 450÷90　⑤ 560÷70　⑥ 400÷60

2 次のわり算をしましょう。

各2点(24点)

① 24)72　② 48)96　③ 54)324

④ 72)288　⑤ 83)250　⑥ 35)179

⑦ 28)196　⑧ 47)292　⑨ 25)350

⑩ 19)520　⑪ 13)2912　⑫ 97)3007

3 くふうして、次の計算をしましょう。

各3点(12点)

① $700 \div 50$　② $3900 \div 130$

③ $4500 \div 180$　④ $300 \div 25$

4 次の計算をしましょう。

各2点(18点)

① $25+3\times7$　② $70-21\div3$　③ $5\times6+7\times8$

④ $64\div8-36\div6$　⑤ $12\times4-24\div2$　⑥ $54\div(9\div3)$

⑦ $(4+3\times2)\times7$　⑧ $(22+18)\div(12-4)$　⑨ $(5\times9-3)\div6$

5 次の□にあてはまる数をかきましょう。

□各2点(16点)

① $21\times6+29\times6=(21+29)\times\square=\square$

② $(4.7+2.6)+3.4=4.7+(\square+3.4)=\square$

③ $(59\times25)\times4=59\times(25\times\square)=\square$

④ $99\times16=(100-1)\times16=\square\times16-1\times16=\square$

6 次の□にあてはまる数を求(もと)めましょう。

各3点(18点)

① $\square+18=81$　② $\square-21=49$　③ $\square\times8=72$

(　　　)　(　　　)　(　　　)

④ $\square\div6=9$　⑤ $\square+1.6=4.5$　⑥ $\square-0.3=1.7$

(　　　)　(　　　)　(　　　)

学習日　　月　　日

練習 49 小数のかけ算

答え 31ページ

例題

★0.2Ｌ入りのジュースを３本買いました。ジュースは全部で何Ｌありますか。

とき方 式　0.2×3　　0.2………0.1 が２こ
0.2×3…0.1 が(2×3)こ
0.2×3＝0.6　　答え　0.6Ｌ

◀小数×整数の計算では、0.1 の何こ分かを考えて、整数のかけ算を使って計算します。

1 □にあてはまる数をかきましょう。

① 0.4×3
0.4………0.1 が□こ
0.4×3…0.1 が(4×□)こ
0.4×3＝□

② 0.06×2
0.06………0.01 が□こ
0.06×2…0.01 が(□×2)こ
0.06×2＝□

0.01 が何こになるか、考えるといいよ。

2 次のかけ算をしましょう。

① 0.4×2　② 0.3×6

③ 0.7×5　④ 0.8×9　⑤ 0.5×4

⑥ 0.6×5　⑦ 0.9×10　⑧ 0.03×2

⑨ 0.07×3　⑩ 0.09×6　⑪ 0.08×8

⑫ 0.06×5　⑬ 0.05×8　よくみて ⑭ 0.07×10

ヒント　2 ⑤　0.5×4 は 0.1 が(5×4)こだから、0.5×4＝2.0 としてはいけないよ。
小数点以下でいちばん下の位が 0 のときは、0 をかかないよ。

練習 50 1けたをかける小数のかけ算の筆算

学習日　　月　　日

答え 31ページ

★3.7×4 を筆算でしましょう。

とき方

```
  3.7         3.7         3.7
×   4   →   ×   4   →   ×   4
─────       ─────       ─────
            1 4 8       1 4.8
```

小数点を考えないで、右にそろえてかきます。

整数のときと同じように計算します。

かけられる数の小数点にそろえて、小数点をうちます。

◀答えの小数点は、かけられる数の小数点と同じところにうちます。

1 次の計算をしましょう。

① 2.4 × 2

② 1.6 × 6

③ 4.8 × 3

④ 5.9 × 7

⑤ 1.8 × 6

⑥ 5.9 × 9

⑦ 0.45 × 3

⑧ 0.78 × 4

⑨ 3.15 × 7

⑩ 4.13 × 6

⑪ 1.35 × 4

```
  1.3 5
×     4
───────
  5.4 0
```

0はどうなるかな。

2 次のかけ算を筆算でしましょう。

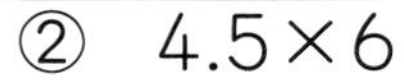

① 2.4×4

② 4.5×6

③ 0.37×6

2 ① かけ算の筆算では、位（くらい）をそろえないで、右にそろえてかけばいいよ。

```
  2.4
×   4
```

学習日　　月　　日

練習 51 2けたをかける小数のかけ算の筆算

答え 32ページ

例題

★1.3×34 を筆算でしましょう。

とき方

```
  1.3        1.3        1.3
×34        ×34        ×34
            52         52
           39         39
           442        44.2
```

小数点を考えないで、たてにそろえてかきます。

整数のときと同じように計算します。

かけられる数の小数点にそろえて、小数点をうちます。

◀かける数が１けたのときと同じようにします。

◀答えの小数点は、かけられる数の小数点と同じところにうちます。

1 次の計算をしましょう。

① 4.2×22

② 2.7×13

③ 6.4×37

④ 6.5×54

⑤ 0.26×43

⑥ 3.8×70

⑦ 2.12×65

⑧ 0.45×40

＋－計算に強くなる！×÷

小数のたし算・ひき算…位（くらい）をそろえて筆算

小数のかけ算…たてにそろえて筆算

ちがいをしっかりおぼえよう。

2 次のかけ算を筆算でしましょう。

① 9.2×56

② 2.5×38

③ 0.65×24

ヒント　1 ④　答えの小数点以下（いか）が0のときは0を消すよ。

練習 52 小数のわり算

学習日　　月　　日

答え 32ページ

例題

★1.2Lのジュースを6人で等しく分けます。1人分は何Lになりますか。

とき方 式　1.2÷6　　1.2………0.1が12こ
1.2÷6…0.1が(12÷6)こ
1.2÷6＝0.2　　答え　0.2L

◀小数÷整数の計算では、0.1の何こ分かを考えて、整数のわり算を使って計算します。

1 □にあてはまる数をかきましょう。

① 3÷6
3………0.1が□こ
3÷6…0.1が(30÷□)こ
3÷6＝□

② 0.24÷3
0.24………0.01が□こ
0.24÷3…0.01が(24÷□)こ
0.24÷3＝□

2 次のわり算をしましょう。

① 0.8÷2　② 0.6÷6　③ 2.7÷3

④ 4.8÷8　⑤ 4.5÷9　⑥ 5.4÷6

⑦ 3.6÷6　⑧ 1.5÷3

2は0.1が20こ集まったものだよ！

3 次のわり算をしましょう。

① 2÷4　② 1÷2　③ 3÷5

④ 0.28÷7　⑤ 0.35÷5　まちがい注意 ⑥ 0.4÷8

ヒント 3 ⑥ 0.4を0.01が40こ集まったものだと考えよう。0.01が(40÷8)こだね。

学習日　月　日

練習 53 1けたでわる小数のわり算の筆算

答え 33ページ

例題

★8.4÷3を筆算でしましょう。

とき方

3）8.4 → 3）8.4（商 2.）6、24 → 3）8.4（商 2.8）6、24、24、0

わられる数の小数点にそろえて、商に小数点をうちます。

◀商に小数点をうつところ以外(いがい)は、整数どうしのわり算と同じです。

1 次の計算をしましょう。

① 2）2.8　② 6）9.6　③ 5）7.5

④ 5）12.5　⑤ 2）30.2　⑥ 4）49.2

2 例(れい)のように、商がたたない位(くらい)には0をかいて、計算しましょう。

例 7）1.61（商 0.23）14、21、21、0

一の位には商がたたないから0.とかきます

① 6）1.08　② 8）6.24

③ 3）0.72　④ 6）0.288　⑤ 7）0.252

まちがい注意

6）0.288（商 0.0）答えはどの位からたつかな。

ヒント ① ⑤　右のように、商の小数点は、わられる数にそろえてうつよ。2）30.2（商 15.）2、10

学習日　　月　　日

練習 54 2けたでわる小数のわり算の筆算

答え 33ページ

例題

★86.4÷18 を筆算でしましょう。

とき方

$18\overline{)86.4}$ → $18\overline{)86.4}$ （商 4.、72、144） → $18\overline{)86.4}$ （商 4.8、72、144、144、0）

わられる数の小数点にそろえて、商に小数点をうちます。

◀商に小数点をうつところ以外は、整数どうしのわり算と同じです。

1 次の計算をしましょう。

① $28\overline{)95.2}$

② $53\overline{)90.1}$

③ $16\overline{)73.6}$

④ $31\overline{)77.5}$

⑤ $62\overline{)86.8}$

⑥ $23\overline{)6.9}$

⑦ $14\overline{)7.28}$

⑧ $39\overline{)7.41}$

商がたたない位には、0をかくよ。

⑨ $45\overline{)31.5}$

⑩ $12\overline{)0.48}$

⑪ $82\overline{)4.92}$

ヒント

1 ⑩ 商がたたないときは、右のように0をかいて筆算をしていこう。 $12\overline{)0.48}$ （商 0.0）

月　　日

55 わり進むわり算の筆算

答え　34ページ

例題

★9.4÷4 の計算をわり切れるまでしましょう。

とき方

```
    2.3           2.3            2.3 5
4 ) 9.4   →   4 ) 9.4    →   4 ) 9.4
    8             8              8
    1 4           1 4            1 4
    1 2           1 2            1 2
      2             2 0            2 0
                                   2 0
                                     0
```

◀わり算でわり切れないとき、9.4 を 9.40 のように、わられる数に 0 をつけたして、わり算を続(つづ)けることができます。

次のわり算を、筆算でわり切れるまでしましょう。

① 16.7÷5　② 9.2÷8　③ 3.5÷2　④ 22.5÷6

⑤ 2.8÷5　⑥ 20÷8　⑦ 32.9÷14　⑧ 81.2÷35

⑨ 6.3÷15　⑩ 22.8÷24　⑪ 11.7÷18　⑫ 15÷24

ヒント　1 ⑫　15 を 15.000 として計算することになるよ。

学習日　　月　　日

練習 56 商をがい数で表すわり算の筆算

答え 34ページ

例題

★7÷21 の商を、四捨五入で、上から1けたのがい数で表しましょう。

とき方 7÷21 を計算すると、右のようになるので、上から2けた目の位の数字に目をつけて、0.33 → 0.3

```
     0.33
21 ) 70
     63
      70
      63
       7
```

答え　0.3

◀わり算でわり切れなかったり、けた数が多くなったりするときには、商をがい数で表すことがあります。

1 次の商を、四捨五入で、$\frac{1}{10}$ の位までのがい数で表しましょう。

① 3.5÷9　　② 2.8÷12

$\frac{1}{100}$ の位の数字を四捨五入すればいいよ！

（　　　）（　　　）

2 次の商を、四捨五入で、上から1けたのがい数で表しましょう。

① 1÷9　　② 2.6÷39　　③ 51.7÷19

（　　　）（　　　）（　　　）

3 次の商を、四捨五入で、$\frac{1}{100}$ の位までのがい数で表しましょう。

① 85÷6　　② 37÷17　　③ 14.5÷3

（　　　）（　　　）（　　　）

ヒント　**3** 求める商の位のもう1つ下の $\frac{1}{1000}$ の位まで商を求めて、四捨五入するんだよ。

たしかめのテスト 57 小数×整数、小数÷整数

学習日　　月　　日

時間 20 分　　／100　　ごうかく 80 点

答え 35 ページ

1 次の計算をしましょう。

各2点（10点）

① 0.6×8　　② 0.4×5　　③ 0.05×6

④ $2.4 \div 3$　　⑤ $0.32 \div 4$

2 次の計算をしましょう。

各3点（18点）

① 3.7×2　　② 0.47×6　　③ 12.4×5

④ 2.43×4　　⑤ 0.25×4　　⑥ 0.59×7

3 次の計算をしましょう。

各3点（18点）

① 3.7×43　　② 4.6×15　　③ 0.52×28

④ 1.17×30　　⑤ 0.25×36　　⑥ 0.66×30

4 次の計算をしましょう。

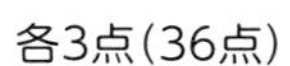
各3点(36点)

① 3) 4.8　　② 5) 6.5　　③ 8) 29.6　　④ 9) 53.1

⑤ 3) 62.4　　⑥ 7) 6.44　　⑦ 6) 0.84　　⑧ 9) 0.909

⑨ 21) 33.6　　⑩ 42) 9.66　　⑪ 72) 2.16　　⑫ 34) 1.36

5 次のわり算を、筆算でわり切れるまでしましょう。

各2点(6点)

① 28.2÷12　　② 23.8÷35　　③ 3÷4

6 次の商を、四捨五入(ししゃごにゅう)で、$\frac{1}{10}$の位(くらい)までのがい数で表しましょう。また、上から1けたのがい数で表しましょう。

各3点(12点)

① 33.2÷42　　② 8.2÷6

①
$\frac{1}{10}$の位（　　　　）
上から1けた（　　　　）

②
$\frac{1}{10}$の位（　　　　）
上から1けた（　　　　）

学習日　　月　　日

練習 58 真分数、仮分数、帯分数

答え 36ページ

例題

★次の分数を、真分数（しんぶんすう）、仮分数（かぶんすう）、帯分数（たいぶんすう）に分けましょう。

$\frac{1}{5}$、$1\frac{2}{3}$、$\frac{7}{4}$、$\frac{8}{8}$、$\frac{7}{9}$、$3\frac{1}{6}$、$\frac{5}{2}$

とき方 真分数…１より小さい分数

仮分数…１に等しいか１より大きい分数

帯分数…整数と真分数の和になっている分数

真分数 $\frac{1}{5}$、$\frac{7}{9}$　仮分数 $\frac{7}{4}$、$\frac{8}{8}$、$\frac{5}{2}$　帯分数 $1\frac{2}{3}$、$3\frac{1}{6}$

◀真分数は、分子が分母より小さいです。仮分数は、分子が分母と等しいか、分子が分母より大きいです。

1 次の分数を、真分数、仮分数、帯分数に分けましょう。

$\frac{1}{3}$、$\frac{5}{4}$、$\frac{6}{6}$、$2\frac{4}{5}$、$\frac{1}{8}$、$\frac{7}{6}$、$1\frac{1}{10}$

真分数（　　　）　仮分数（　　　）　帯分数（　　　）

よくみて

2 次の数直線で、㋐～㋕にあたる分数を真分数か仮分数で答えましょう。

①

②

㋐（　　　）　㋑（　　　）　㋒（　　　）

㋓（　　　）　㋔（　　　）　㋕（　　　）

❸ 帯分数や仮分数になおしても分母はかわらないね！

3 次の仮分数は整数か帯分数に、帯分数は仮分数になおしましょう。

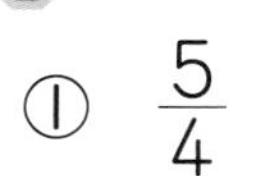

① $\frac{5}{4}$（　　　）　② $1\frac{1}{2}$（　　　）　③ $\frac{6}{6}$（　　　）

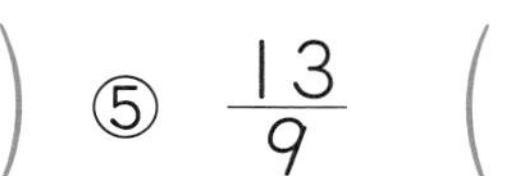

④ $3\frac{2}{5}$（　　　）　⑤ $\frac{13}{9}$（　　　）　⑥ $2\frac{5}{8}$（　　　）

ヒント

❸ ④ $3\frac{2}{5}$ は、3は $\frac{1}{5}$ が（5×3）こと $\frac{2}{5}$ は $\frac{1}{5}$ が2こだから、あわせると $\frac{1}{5}$ が何こになるかな。

学習日　　月　　日

練習 59 分数の大きさくらべ

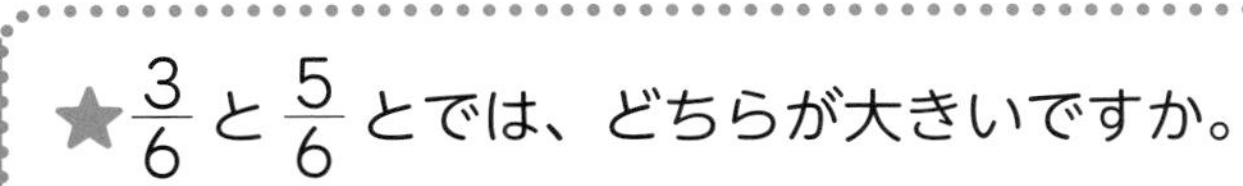

答え 36ページ

例題

★$\frac{3}{6}$ と $\frac{5}{6}$ とでは、どちらが大きいですか。

とき方 $\frac{3}{6}$ は、$\frac{1}{6}$ が3こ。

$\frac{5}{6}$ は、$\frac{1}{6}$ が5こだから、$\frac{5}{6}$ のほうが大きい。

◀分母の数が同じであるとき、分子の数が大きいほど、その分数は大きいといえます。

1 次の数で、大きいほうの数をかきましょう。

1は、分母と分子が同じということだよね。

① $\left(\frac{4}{5}、\frac{3}{5}\right)$　（　　　）

② $\left(\frac{10}{10}、\frac{4}{10}\right)$　（　　　）

③ $\left(\frac{2}{7}、1\right)$　（　　　）

④ $\left(\frac{5}{4}、\frac{1}{4}\right)$　（　　　）

⑤ $\left(1、\frac{3}{5}\right)$　（　　　）

2 次の数で、大きいほうの数をかきましょう。

① $\left(1\frac{1}{2}、2\frac{1}{2}\right)$　（　　　）

② $\left(\frac{5}{3}、1\frac{1}{3}\right)$　（　　　）

③ $\left(4\frac{3}{4}、5\frac{1}{4}\right)$　（　　　）

④ $\left(3\frac{5}{6}、3\frac{1}{6}\right)$　（　　　）

⑤ $\left(\frac{29}{5}、5\frac{2}{5}\right)$　（　　　）

⑥ $\left(\frac{26}{7}、3\frac{6}{7}\right)$　（　　　）

よくみて

3 □の中の分数を、小さい順にならべかえましょう。

$\frac{14}{8}$、$2\frac{2}{8}$、$\frac{3}{8}$、$1\frac{5}{8}$、$\frac{1}{8}$、1、$\frac{7}{8}$

（　　　）

ヒント ❷ ② 仮分数と帯分数がまざっているので、どちらかにそろえてくらべるよ。

学習日　月　日

練習 60 等しい分数

答え 37ページ

例題

★$\frac{1}{2}$に等しい分数は、$\frac{あ}{4}$、$\frac{い}{6}$、$\frac{う}{8}$、$\frac{え}{10}$です。
あ〜えにあてはまる数を求めましょう。

とき方　下の❶の図を見て求めます。
あ…2、い…3、う…4、え…5

◀$\frac{1}{2}$のところをたてに見て、ぶつかった分数が、$\frac{1}{2}$と等しい分数です。

❶ 下の図の中から等しい分数をすべて見つけてかきましょう。

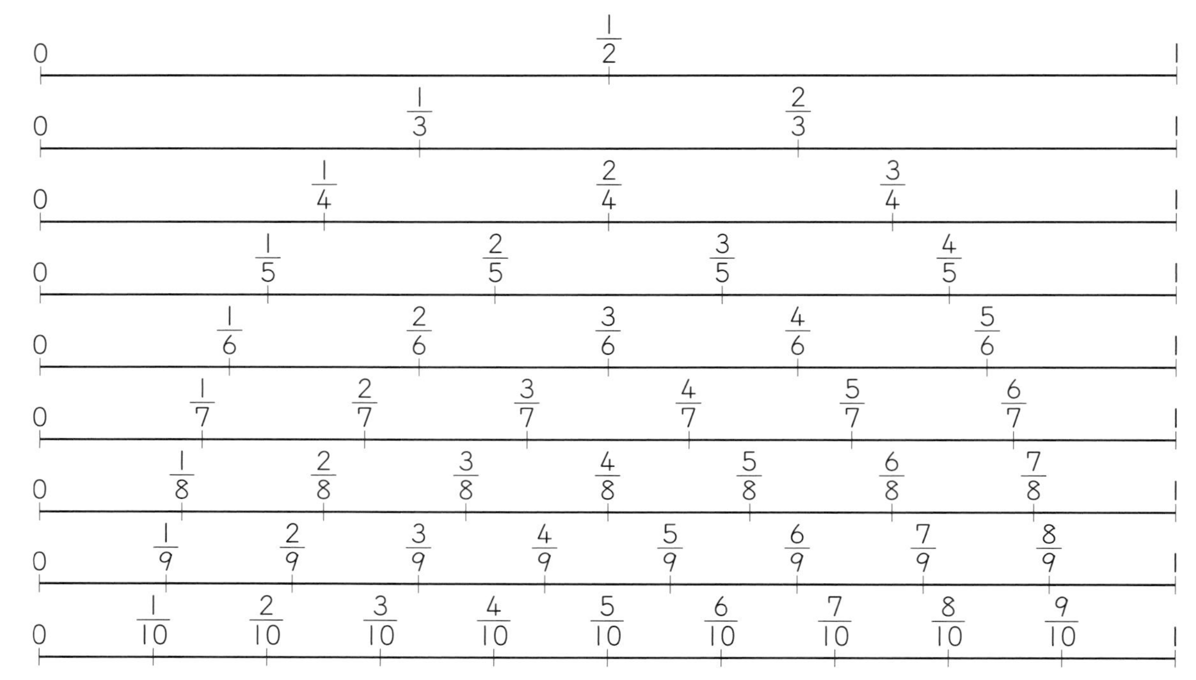

① $\frac{1}{4}$に等しい分数　（　　　）

② $\frac{2}{3}$に等しい分数　（　　　）

③ $\frac{4}{10}$に等しい分数　（　　　）

たてにじょうぎをあててみよう!!

よくみて

❷ ❶の図を見て、□にあてはまる数をかきましょう。

① $\frac{6}{9}=\frac{\square}{3}$　② $\frac{4}{6}=\frac{\square}{3}$　③ $\frac{6}{10}=\frac{\square}{5}$

④ $\frac{2}{4}=\frac{1}{\square}$　⑤ $\frac{3}{9}=\frac{1}{\square}$　⑥ $\frac{4}{8}=\frac{1}{\square}$

ヒント　❶ ②　❶の図で、$\frac{2}{3}$とたてにそろっている分数は1つだけではないよ。すべて等しい分数だから気をつけよう。

学習日　　月　　日

練習 61 分数のたし算とひき算

答え 37ページ

★$\frac{4}{6}+\frac{5}{6}$、$\frac{7}{6}-\frac{2}{6}$ の計算をしましょう。

とき方 $\frac{4}{6}+\frac{5}{6}$ ……$\frac{1}{6}$ が(4＋5)で9こなので $\frac{9}{6}$、

$\frac{4}{6}+\frac{5}{6}=\underline{\frac{9}{6}}$($1\frac{3}{6}$ でもよい)

$\frac{7}{6}-\frac{2}{6}$ ……$\frac{1}{6}$ が(7－2)で5こなので $\frac{5}{6}$、$\frac{7}{6}-\frac{2}{6}=\underline{\frac{5}{6}}$

◀分母が同じ分数のたし算やひき算では、分母はそのままにして、分子だけを計算します。分母と分子が同じになったら、1とします。

1 次のたし算をしましょう。

① $\frac{3}{4}+\frac{2}{4}$　② $\frac{7}{9}+\frac{4}{9}$　③ $\frac{1}{7}+\frac{6}{7}$

④ $\frac{5}{3}+\frac{1}{3}$　⑤ $\frac{7}{5}+\frac{4}{5}$　⑥ $\frac{7}{6}+\frac{7}{6}$

⑦ $\frac{2}{10}+\frac{8}{10}$　⑧ $\frac{7}{8}+\frac{6}{8}$

答えが仮分数(かぶんすう)になったら、帯分数(たいぶんすう)になおしてもいいよ。

2 次のひき算をしましょう。

① $\frac{5}{4}-\frac{2}{4}$　② $\frac{7}{5}-\frac{3}{5}$　③ $\frac{10}{6}-\frac{7}{6}$

④ $\frac{7}{4}-\frac{3}{4}$　⑤ $\frac{9}{8}-\frac{5}{8}$　⑥ $\frac{13}{7}-\frac{8}{7}$

⑦ $\frac{5}{11}-\frac{1}{11}$　⑧ $\frac{12}{9}-\frac{3}{9}$　⑨ $\frac{10}{3}-\frac{2}{3}$

ヒント ❶ ④ $\frac{1}{3}$ が(5＋1)こで $\frac{6}{3}$ だね。$\frac{6}{3}$ は $\frac{3}{3}$ が2こあるよ。

練習 62 帯分数のはいったたし算

学習日　　月　　日

答え 38 ページ

★$1\frac{2}{4}+\frac{3}{4}$ の計算をしましょう。

とき方　$1\frac{2}{4}=\frac{6}{4}$ なので $1\frac{2}{4}+\frac{3}{4}=\frac{6}{4}+\frac{3}{4}=\underline{\frac{9}{4}}$（$2\frac{1}{4}$ でもよい）

または、

$1\frac{2}{4}=1+\frac{2}{4}$ なので $1\frac{2}{4}+\frac{3}{4}=1+\frac{2}{4}+\frac{3}{4}=1+\frac{5}{4}$

$=1+1+\frac{1}{4}=\underline{2\frac{1}{4}}$

◀帯分数(たいぶんすう)は仮分数(かぶんすう)になおして計算します。

◀帯分数を整数と真分数(しんぶんすう)に分けて計算します。

1 次の□にあてはまる数をかきましょう。

① $1\frac{5}{6}+\frac{2}{6}=\frac{\square}{6}+\frac{2}{6}=\frac{\square}{6}$

② $2\frac{1}{4}+\frac{3}{4}=2+\frac{\square}{4}+\frac{3}{4}=2+\frac{\square}{4}=2+\square=\square$

2 次のたし算をしましょう。

① $1\frac{2}{5}+\frac{1}{5}$

② $2\frac{1}{3}+\frac{1}{3}$

③ $\frac{5}{7}+1\frac{3}{7}$

④ $\frac{4}{6}+2\frac{5}{6}$

⑤ $1\frac{3}{9}+\frac{6}{9}$

⑥ $\frac{8}{10}+1\frac{5}{10}$

⑦ $2\frac{3}{8}+\frac{6}{8}$

⑧ $\frac{1}{4}+2\frac{3}{4}$

2 ⑤　計算すると、$1\frac{3}{9}+\frac{6}{9}=1+\frac{3}{9}+\frac{6}{9}=1+\frac{9}{9}$ だね。$\frac{9}{9}$ は 1 になるよ。

学習日　　月　　日

練習 63 帯分数のはいったひき算

答え 38ページ

例題

★$1\frac{1}{4}-\frac{3}{4}$ の計算をしましょう。

とき方　$1\frac{1}{4}=\frac{5}{4}$ なので $1\frac{1}{4}-\frac{3}{4}=\frac{5}{4}-\frac{3}{4}=\underline{\frac{2}{4}}$

◀帯分数(たいぶんすう)は仮分数(かぶんすう)になおして計算します。

1 次の□にあてはまる数をかきましょう。

① $1\frac{2}{5}-\frac{3}{5}=\frac{\square}{5}-\frac{3}{5}=\frac{\square}{5}$

$2-\frac{1}{3}=1\frac{3}{3}-\frac{1}{3}$ と考えてもいいよ。

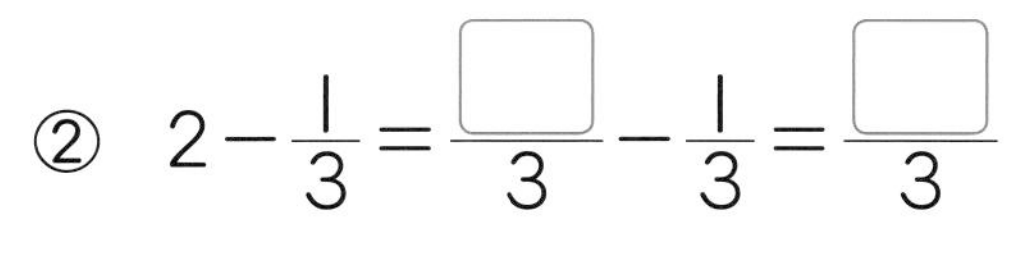

② $2-\frac{1}{3}=\frac{\square}{3}-\frac{1}{3}=\frac{\square}{3}$

2 次のひき算をしましょう。

① $1\frac{4}{5}-\frac{3}{5}$

② $1\frac{5}{6}-\frac{2}{6}$

③ $1\frac{3}{9}-\frac{7}{9}$

④ $1\frac{2}{4}-\frac{3}{4}$

⑤ $1\frac{3}{7}-\frac{6}{7}$

⑥ $1\frac{1}{8}-\frac{5}{8}$

⑦ $1-\frac{3}{10}$

！まちがい注意

⑧ $2-\frac{1}{4}$

ヒント　**2** ③ $\frac{3}{9}$ から $\frac{7}{9}$ はひけないので、$1\frac{3}{9}$ を仮分数になおそう。仮分数の分子は、$9\times1+3=12$ だね。

64 分　数

答え 39ページ

1 次の仮分数(かぶんすう)は整数か帯分数(たいぶんすう)に、帯分数は仮分数になおしましょう。　各2点(12点)

① $\frac{5}{4}$　(　　)

② $1\frac{2}{10}$　(　　)

③ $\frac{7}{7}$　(　　)

④ $\frac{11}{5}$　(　　)

⑤ $2\frac{3}{4}$　(　　)

⑥ $\frac{13}{8}$　(　　)

2 (　　)の中の数で、大きいほうの数をかきましょう。　各2点(12点)

① $\left(\frac{2}{6}、\frac{3}{6}\right)$　(　　)

② $\left(\frac{6}{7}、\frac{9}{7}\right)$　(　　)

③ $\left(\frac{8}{8}、\frac{7}{8}\right)$　(　　)

④ $\left(1、\frac{2}{4}\right)$　(　　)

⑤ $\left(3\frac{4}{5}、3\frac{1}{5}\right)$　(　　)

⑥ $\left(\frac{27}{4}、6\frac{1}{4}\right)$　(　　)

3 次の計算をしましょう。　各3点(27点)

① $\frac{5}{7}+\frac{4}{7}$

② $\frac{4}{9}+\frac{10}{9}$

③ $\frac{3}{5}+\frac{2}{5}$

④ $\frac{6}{10}+\frac{7}{10}$

⑤ $\frac{9}{6}-\frac{5}{6}$

⑥ $\frac{13}{11}-\frac{9}{11}$

⑦ $\frac{13}{8}-\frac{7}{8}$

⑧ $\frac{5}{3}-\frac{4}{3}$

⑨ $\frac{16}{12}-\frac{7}{12}$

4 次の計算をしましょう。

各3点（45点）

① $1\frac{1}{4}+\frac{2}{4}$　② $\frac{4}{5}+1\frac{3}{5}$　③ $2\frac{5}{9}+\frac{7}{9}$

④ $\frac{5}{6}+1\frac{5}{6}$　⑤ $1\frac{3}{4}+1\frac{2}{4}$　⑥ $1\frac{2}{7}+\frac{5}{7}$

⑦ $1\frac{7}{8}+\frac{3}{8}$　⑧ $\frac{4}{9}+2\frac{5}{9}$　⑨ $1\frac{2}{3}-\frac{1}{3}$

⑩ $2\frac{3}{4}-\frac{2}{4}$　⑪ $1\frac{2}{5}-\frac{4}{5}$　⑫ $1\frac{4}{7}-\frac{6}{7}$

⑬ $1-\frac{1}{9}$　⑭ $2-\frac{5}{6}$　⑮ $2\frac{5}{8}-\frac{7}{8}$

できたらスゴイ!

5 等しい分数になるように、□にあてはまる数をかきましょう。

各2点（4点）

① $\frac{2}{6}=\frac{\square}{3}$　② $\frac{4}{5}=\frac{8}{\square}$

学習日　月　日

65 計算のふく習テスト③

本文 60〜77 ページ　答え 40 ページ

1 次の計算をしましょう。

各4点(24点)

① $\frac{5}{9}+\frac{11}{9}$　② $\frac{3}{4}+1\frac{1}{4}$　③ $1\frac{3}{10}+\frac{9}{10}$

④ $\frac{15}{9}-\frac{6}{9}$　⑤ $1\frac{1}{4}-\frac{3}{4}$　⑥ $2\frac{3}{8}-1\frac{5}{8}$

2 次の計算をしましょう。

各5点(45点)

① 0.04×7　② 0.63÷9　③ 0.2÷4

④ 1.3 × 8　⑤ 0.98 × 4　⑥ 0.28 × 21

⑦ 7)9.1　⑧ 8)7.84　⑨ 78)4.68

3 次のわり算を、わり切れるまでしましょう。

各5点(15点)

① 5)1.08　② 25)87　③ 50)7.95

4 次の商を、四捨五入(ししゃごにゅう)で、$\frac{1}{10}$の位(くらい)までのがい数と上から1けたのがい数で表しましょう。

各4点(16点)

① 6)49.6

$\frac{1}{10}$の位（　　　　）

上から1けた（　　　　）

② 34)53.2

$\frac{1}{10}$の位（　　　　）

上から1けた（　　　　）

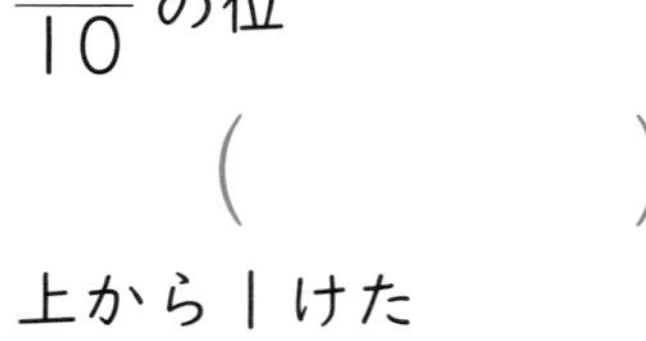

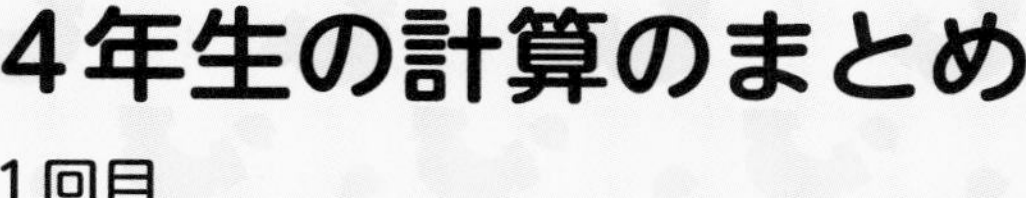

66 4年生の計算のまとめ

1回目

答え 40ページ

1 次の計算をしましょう。わり算は、わり切れるまでしましょう。

各4点(32点)

① 267×341　② 672×529　③ 45×312　④ 276×408

⑤ 4)96　⑥ 5)82　⑦ 8)728　⑧ 6)621

2 次の計算を筆算でしましょう。

各5点(20点)

① 0.58＋0.72　② 7.8＋1.36　③ 0.75－0.37　④ 2.5－0.68

3 次の計算をしましょう。わり算は、わり切れるまでしましょう。

各4点(48点)

① 9.5×3　② 4.77×8　③ 0.41×21　④ 0.37×90

⑤ 31)93　⑥ 51)255　⑦ 38)304　⑧ 32)832

⑨ 4)6.8　⑩ 9)6.03　⑪ 25)12.5　⑫ 17)9.69

学習日　月　日

67 4年生の計算のまとめ

2回目

時間 20 分　／100　ごうかく 80 点

答え 41 ページ

1 次の計算をしましょう。

各4点(32点)

① $25+4\times8$　② $70-13\times3$　③ $7\times4+3\times6$

④ $64\div8+36\div4$　⑤ $(23+17)\times(13-8)$　⑥ $4\times(26+14)\div8$

⑦ $48\div(53-41)\times9$　⑧ $12\times36+8\times36$

2 次の計算をしましょう。

各4点(48点)

① $\frac{5}{4}+\frac{2}{4}$　② $\frac{6}{9}+\frac{5}{9}$　③ $\frac{5}{7}+\frac{9}{7}$

④ $\frac{9}{6}-\frac{5}{6}$　⑤ $\frac{8}{5}-\frac{7}{5}$　⑥ $\frac{13}{8}-\frac{5}{8}$

⑦ $1\frac{2}{4}+\frac{3}{4}$　⑧ $1\frac{3}{5}+\frac{4}{5}$　⑨ $\frac{6}{7}+1\frac{2}{7}$

⑩ $1\frac{2}{7}-\frac{6}{7}$　⑪ $1\frac{1}{9}-\frac{5}{9}$　⑫ $2-\frac{2}{6}$

3 次のわり算を、筆算でわり切れるまでしましょう。

各4点(12点)

① $3.8\div5$　② $13.2\div16$　③ $42\div48$

4 次の商を、四捨五入(ししゃごにゅう)で、$\frac{1}{100}$ の位(くらい)までのがい数で表しましょう。

各4点(8点)

① $0.88\div6$　② $32.8\div48$

(　　　　)　(　　　　)

4年 チャレンジテスト①

月　日
名前

答え 42ページ

1 次の計算をしましょう。　各3点(6点)

① 43億×3

(　　　　)

② 9億2000万−7億6500万

(　　　　)

2 次の計算を筆算でしましょう。　各2点(12点)

① 71÷3　② 98÷7

③ 108÷5　④ 260÷8

⑤ 864÷4　⑥ 568÷3

3 次の計算をしましょう。　各3点(6点)

① 950÷5

② 216÷3

4 次の計算をしましょう。　各3点(6点)

① 8500÷250

② 9000÷150

5 次の計算を筆算でしましょう。　各2点(8点)

① 1.65＋2.8　② 5.37＋6

③ 20−8.05　④ 6.4−1.64

6 次の計算をしましょう。　各2点(8点)

① $\begin{array}{r} 358 \\ \times 157 \\ \hline \end{array}$　② $\begin{array}{r} 254 \\ \times 804 \\ \hline \end{array}$

③ $\begin{array}{r} 98 \\ \times 278 \\ \hline \end{array}$　④ $\begin{array}{r} 315 \\ \times 496 \\ \hline \end{array}$

うらにも問題があります。

7 次の計算を筆算でしましょう。 各3点(12点)

① 610÷73　　② 496÷18

③ 5136÷26　　④ 9054÷256

8 次の計算をしましょう。 各3点(6点)

① 14×3−64÷8

② (5＋11×2)−12÷2

9 □にあてはまる数をかきましょう。 各3点(9点)

① 300万の□万倍は300億です。

② 1億を25こ、10万を87こあわせた数は

□億□万です。

③ 650億を100でわった数は

万です。

10 1組の三角じょうぎを使ってできた角の大きさを求めましょう。 各3点(6点)

①

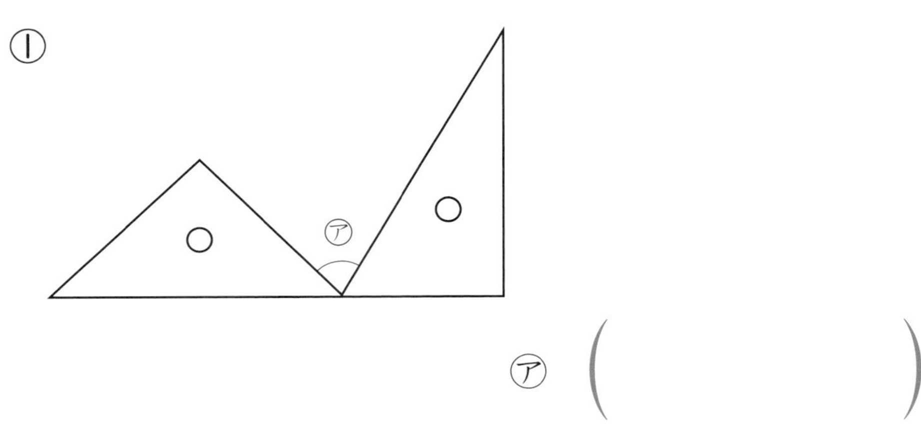

㋐（　　　　）

②

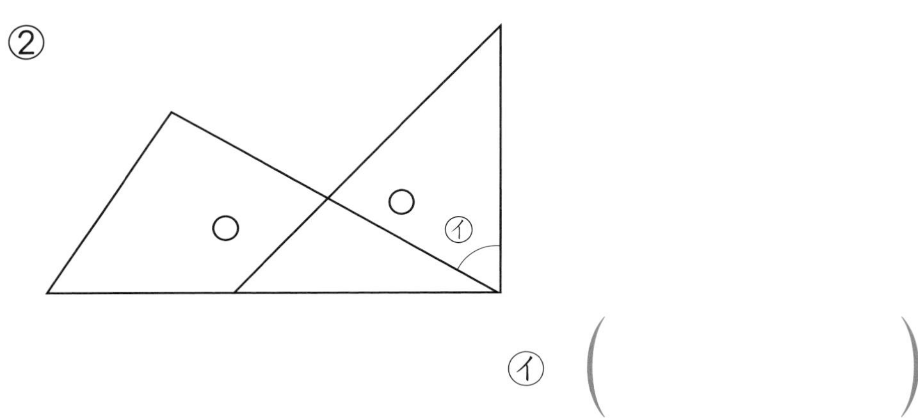

㋑（　　　　）

11 次の□にあてはまる数を求めましょう。 各4点(8点)

① 6＋□÷3＝14

（　　　　）

② 2×□−9＝17

（　　　　）

12 角の大きさについて答えましょう。 各4点(8点)

① 3直角は何度ですか。

（　　　　）

② 時計の長いはりが、5分間に回る角の大きさは何度ですか。

（　　　　）

13 次の数を小さい順にならべかえましょう。 (5点)

1.06　　0.28　　0.2　　1.9　　0.07

（　　　　　　　　　　）

4年　チャレンジテスト②

月　日
名前

答え44ページ

1 次の計算をしましょう。

各2点(8点)

① 6.3×32　② 5.94×45

③ 0.85×95　④ 23.6×83

2 次のわり算を、わり切れるまでしましょう。

各2点(12点)

① $5.61 \div 3$　② $35.7 \div 15$

③ $21.8 \div 8$　④ $6.57 \div 25$

⑤ $6.8 \div 32$　⑥ $16.5 \div 4$

3 次の計算をしましょう。

各2点(16点)

① $\frac{11}{6}+\frac{1}{6}$　② $\frac{3}{10}+\frac{8}{10}$

③ $2\frac{3}{8}+\frac{5}{8}$　④ $1\frac{4}{5}+2\frac{8}{5}$

⑤ $\frac{15}{4}-\frac{9}{4}$　⑥ $\frac{15}{12}-\frac{8}{12}$

⑦ $3\frac{1}{5}-2\frac{3}{5}$　⑧ $2\frac{4}{7}-\frac{6}{7}$

4 次の商を、$\frac{1}{10}$の位(くらい)までのがい数で表しましょう。

各3点(6点)

① $98.2 \div 56$

(　　　　)

② $0.67 \div 3$

(　　　　)

5 次のかけ算の積を、上から1けたのがい数にして見積もりましょう。

各3点(6点)

① 1500×2340

(　　　　)

② 638×3900

(　　　　)

うらにも問題があります。

6 次の面積を求めましょう。 各4点(8点)

① たて 150 m、横 200 m の長方形の土地の面積は何 ha ですか。

(　　　　)

② たて 50 cm、横 5 m の花だんの面積は何 m^2 ですか。

(　　　　)

7 面積が 9 a の正方形の土地があります。 各4点(8点)

① 9 a は何 m^2 ですか。

(　　　　)

② 1辺の長さは何 m ですか。

(　　　　)

8 次の数を、(　　)の中のとおりにして、がい数で表しましょう。 各3点(9点)

① 64900（千の位を四捨五入）

(　　　　)

② 7535（百の位までのがい数）

(　　　　)

③ 99940（上から1けたのがい数）

(　　　　)

9 十の位で四捨五入して、3900 になる整数のうち、いちばん大きい数といちばん小さい数はいくつですか。 各3点(6点)

いちばん大きい数 (　　　　)

いちばん小さい数 (　　　　)

10 次の分数と整数を、小さい順にならべかえましょう。 (4点)

$\frac{1}{8}$、$1\frac{2}{8}$、$\frac{18}{8}$、2、$\frac{11}{8}$、$2\frac{1}{8}$

(　　　　)

11 次の計算にはまちがいがあります。まちがいを直して正しい答えを求めましょう。 (3点)

```
      6.6
25 ) 16.5
     150
      150
      150
        0
```

12 次の長方形で、色のついた部分の面積を求めましょう。 各4点(8点)

①

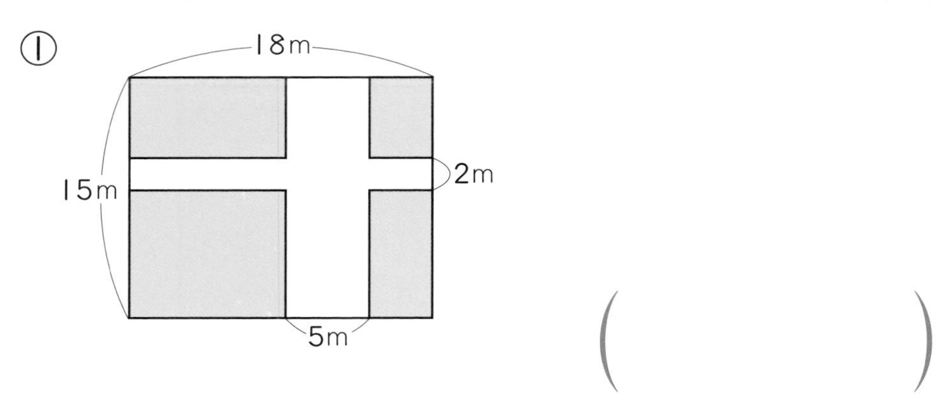

(　　　　)

②

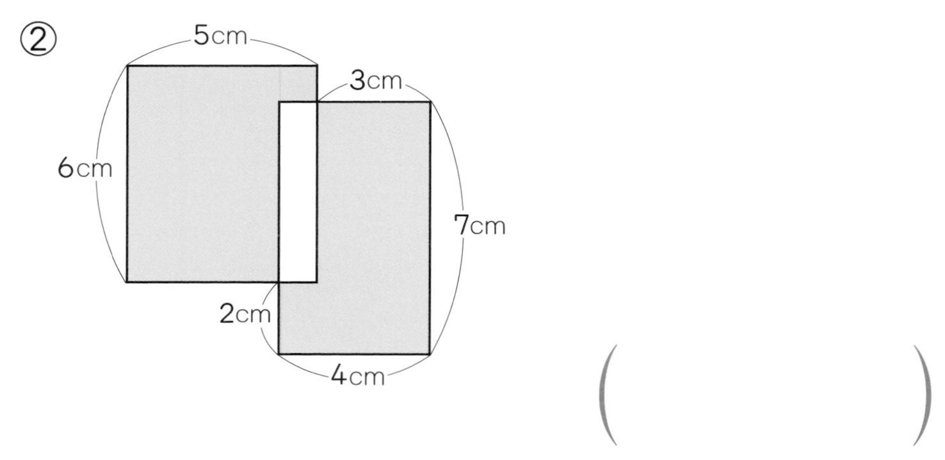

(　　　　)

13 等しい分数になるように、□にあてはまる数を書きましょう。 各3点(6点)

① $\frac{3}{12}=\frac{\square}{4}$ (　　　　)

② $\frac{2}{3}=\frac{10}{\square}$ (　　　　)

教科書ぴったりトレーニング

丸つけラククラクかいとう

この「丸つけラクラクかいとう」は
とりはずしてお使いください。

全教科書版
計算４年

「丸つけラクラクかいとう」では問題と同じ紙面に、赤字で答えを書いています。

①問題がとけたら、まずは答え合わせをしましょう。

②まちがえた問題やわからなかった問題は、てびきを読んだり、教科書を読み返したりしてもう一度見直しましょう。

おうちのかたへ では、次のようなものを示しています。

- 学習のねらいやポイント
- 他の学年や他の単元の学習内容とのつながり
- まちがいやすいことやつまずきやすいところ

お子様への説明や、学習内容の把握などにご活用ください。

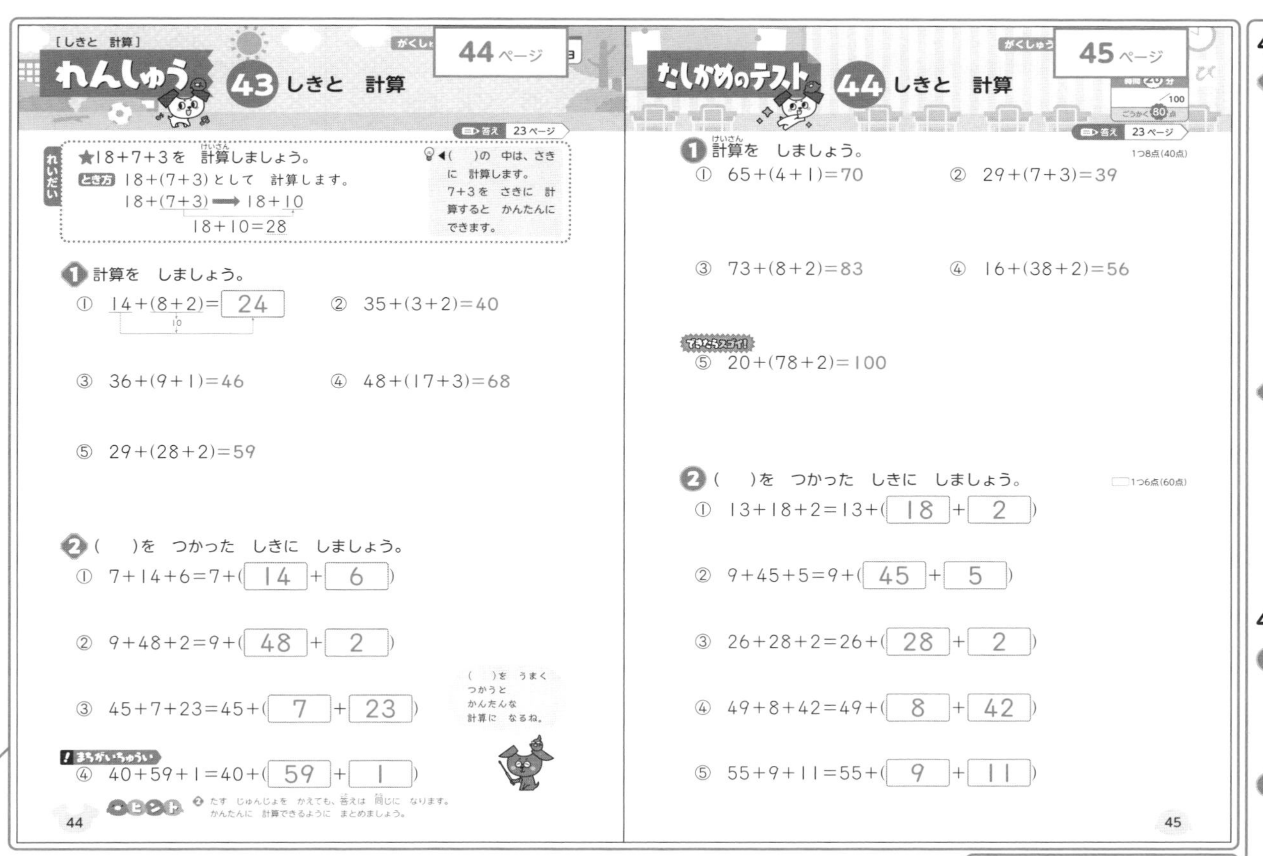

44ページ

［しきと　計算］ れんしゅう 43 しきと　計算

答え 23ページ

れいだい ★18＋7＋3を　計算しましょう。
とき方 18＋(7＋3)として　計算します。
18＋(7＋3) ➡ 18＋10
18＋10＝28

(　)の　中は、さきに　計算します。7＋3を　さきに　計算すると　かんたんに　できます。

1 計算を　しましょう。
① 14＋(8＋2)＝24　② 35＋(3＋2)＝40
③ 36＋(9＋1)＝46　④ 48＋(17＋3)＝68
⑤ 29＋(28＋2)＝59

2 (　)を　つかった　しきに　しましょう。
① 7＋14＋6＝7＋(14＋6)
② 9＋48＋2＝9＋(48＋2)
③ 45＋7＋23＝45＋(7＋23)
まちがいちゅうい ④ 40＋59＋1＝40＋(59＋1)

(　)を　うまく　つかうと　かんたんな　計算に　なるね。

ヒント 2 たす　じゅんじょを　かえても、答えは　同じに　なります。かんたんに　計算できるように　まとめましょう。

44

45ページ

たしかめのテスト 44 しきと　計算

100　ごうかく80点

答え 23ページ

1 計算を　しましょう。 1つ8点(40点)
① 65＋(4＋1)＝70　② 29＋(7＋3)＝39
③ 73＋(8＋2)＝83　④ 16＋(38＋2)＝56
できたらスゴイ！ ⑤ 20＋(78＋2)＝100

2 (　)を　つかった　しきに　しましょう。 1つ6点(60点)
① 13＋18＋2＝13＋(18＋2)
② 9＋45＋5＝9＋(45＋5)
③ 26＋28＋2＝26＋(28＋2)
④ 49＋8＋42＝49＋(8＋42)
⑤ 55＋9＋11＝55＋(9＋11)

45

見やすい答え

44ページ

1 (　)の中をさきに計算します。
②3＋2をさきに計算すると、3＋2＝5
35に5をたして、35＋5＝40
⑤28＋2をさきに計算すると、28＋2＝30
29に30をたして、29＋30＝59

2 (　)の中を、何十になるようにすると、あとの計算がかんたんになります。
④59＋1をさきに計算すると、あとの計算は40＋60でできるようになります。

45ページ

1 ⑤78＋2をさきに計算すると、78＋2＝80
20に80をたして、20＋80＝100

2 ④8＋42をさきに計算すると、あとの計算は49＋50でできるようになります。

おうちのかたへ

計算がしやすくなるように工夫することは、今後の学習でも大切です。

おうちのかたへ

くわしいてびき

※紙面はイメージです。

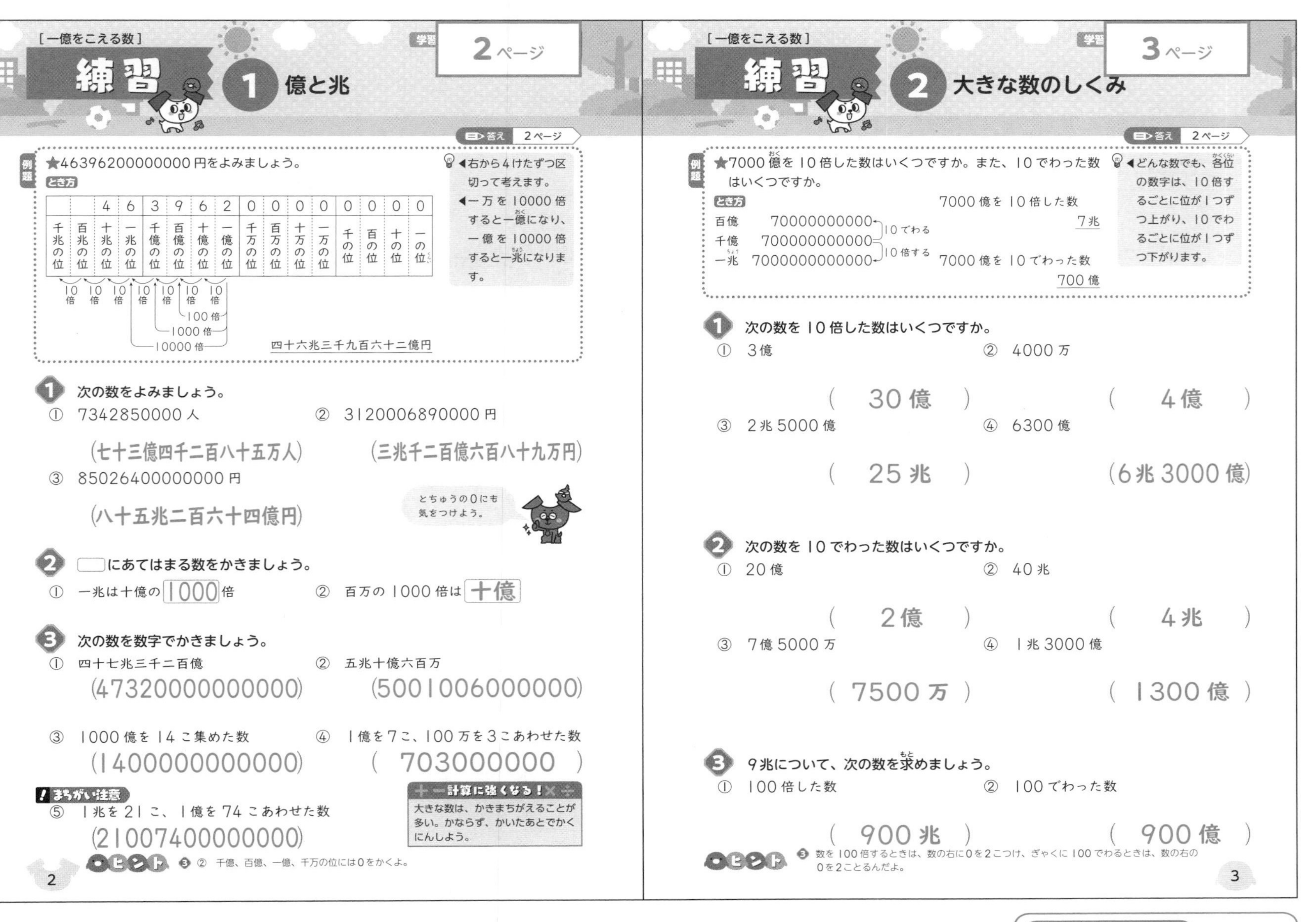

[一億をこえる数]

練習 1 億と兆

学習 2ページ

答え 2ページ

例題 ★46396200000000円をよみましょう。

とき方

		4	6	3	9	6	2	0	0	0	0	0	0	0	0
千兆の位	百兆の位	十兆の位	一兆の位	千億の位	百億の位	十億の位	一億の位	千万の位	百万の位	十万の位	一万の位	千の位	百の位	十の位	一の位

10倍 10倍 10倍 10倍 10倍 10倍 10倍

100倍 1000倍 10000倍

四十六兆三千九百六十二億円

◀右から4けたずつ区切って考えます。

◀一万を10000倍すると一億になり、一億を10000倍すると一兆になります。

1 次の数をよみましょう。

① 7342850000人 (七十三億四千二百八十五万人)

② 3120006890000円 (三兆千二百億六百八十九万円)

③ 8502640000000円 (八十五兆二百六十四億円)

とちゅうの0にも気をつけよう。

2 □にあてはまる数をかきましょう。

① 一兆は十億の[1000]倍

② 百万の1000倍は[十億]

3 次の数を数字でかきましょう。

① 四十七兆三千二百億 (47320000000000)

② 五兆十億六百万 (5001006000000)

③ 1000億を14こ集めた数 (1400000000000)

④ 1億を7こ、100万を3こあわせた数 (703000000)

まちがい注意

⑤ 1兆を21こ、1億を74こあわせた数 (21007400000000)

計算に強くなる! 大きな数は、かきまちがえることが多い。かならず、かいたあとでかくにんしよう。

ヒント 3 ② 千億、百億、一億、千万の位には0をかくよ。

2

[一億をこえる数]

練習 2 大きな数のしくみ

学習 3ページ

答え 2ページ

例題 ★7000億を10倍した数はいくつですか。また、10でわった数はいくつですか。

とき方

百億 70000000000

千億 700000000000

一兆 7000000000000

10でわる　10倍する

7000億を10倍した数 7兆

7000億を10でわった数 700億

◀どんな数でも、各位の数字は、10倍するごとに位が1つずつ上がり、10でわるごとに位が1つずつ下がります。

1 次の数を10倍した数はいくつですか。

① 3億 (30億)

② 4000万 (4億)

③ 2兆5000億 (25兆)

④ 6300億 (6兆3000億)

2 次の数を10でわった数はいくつですか。

① 20億 (2億)

② 40兆 (4兆)

③ 7億5000万 (7500万)

④ 1兆3000億 (1300億)

3 9兆について、次の数を求めましょう。

① 100倍した数 (900兆)

② 100でわった数 (900億)

ヒント 3 数を100倍するときは、数の右に0を2こつけ、ぎゃくに100でわるときは、数の右の0を2ことるんだよ。

3

おうちのかたへ

一億をこえる大きい数でも、位の変わり方は千や万のときと同じであることを身につけさせましょう。

2ページ

1 右から4けたずつ区切ってよみます。

0000|0000|0000|0000
兆　億　万

2 10倍すると位が1つ上がることから考えましょう。十億を10倍すると百億、百億を10倍すると千億、千億を10倍すると一兆になるので、一兆は十億の1000倍です。

3 0の数と0のはいるところに気をつけましょう。

3ページ

1 10倍すると各位の数字は、位が1つずつ上がります。

2 10でわると各位の数字は、位が1つずつ下がります。

3 ①100倍すると各位の数字は、位が2つずつ上がります。

②100でわると各位の数字は、位が2つずつ下がります。

練習 ③ 大きな数の計算

答え 3ページ

例題 ★32×18＝576を使って、32万×18万の答えを求めましょう。

とき方 32 ×18＝576
↓1万倍 ↓1万倍
32万×18＝576万 → 1億倍
↓1万倍 ↓1万倍
32万×18万＝576億

576億

◀1万×1万＝1億です。
◀終わりに0のある数のかけ算は、0を省いて計算し、答えの右に省いた0の数だけ0をつけます。

❶ 36＋28＝64、36－28＝8を使って、次の答えを求めましょう。

① 36億＋28億＝64億
② 3億6000万－2億8000万＝8000万

❷ 13×24＝312を使って、次の答えを求めましょう。

① 130×240＝31200
② 1300×2400＝3120000
③ 13万×24＝312万
④ 13万×24万＝312億
⑤ 13億×24万＝312兆

13×24＝312をうまく使って求めましょう。

❸ 次の計算を例のようにくふうしてしましょう。

（例）
```
  2700
 ×350
  135
  81
 945000
```
①
```
  4300
 ×1600
  258
  43
 6880000
```
②
```
  5200
 ×15000
  260
  52
 78000000
```

ヒント ❷⑤ 13億は13の1億倍、24万は24の1万倍だね。1億倍した数に1万倍した数をかけると1兆倍した数になるよ。

練習 ④ 大きな数の筆算

答え 3ページ

例題 ★213×426を筆算でしましょう。

とき方
```
   213
  ×426
  1278 ……213×  6＝ 1278
  426  ……213× 20＝ 4260
 852   ……213×400＝85200
 90738
```

90738

◀3けたの数をかける筆算は、かける数が2けたのときと同じように計算します。
◀かけ算の答えを積といいます。

❶ 次の計算をしましょう。

①
```
   341
  ×172
   682
  2387
  341
 58652
```
②
```
   157
  ×323
   471
   314
  471
 50711
```
③
```
   286
  ×492
   572
  2574
 1144
 140712
```
④
```
    74
  ×165
   370
   444
   74
 12210
```
⑤
```
    48
  ×671
    48
   336
  288
 32208
```
⑥
```
    92
  ×567
   644
   552
  460
 52164
```

❷ 次の計算をしましょう。

①
```
   843
  ×602
  1686
 5058
 507486
```
まちがい注意 ②
```
   108
  ×407
   756
  432
 43956
```

```
  579        579
 ×105       ×105
 2895       2895
 000    →   579
579         60795
60795
```
上のように、かける数に0があるときは、□の部分は省いてもいいよ。

ヒント ❷① まず、843×2を計算するよ。かける数の十の位は0だから、次は、843×600を計算しよう。答えをかく位置には気をつけてね。

4ページ

❶ ②1億の1つ下の位は、千万の位なので、8000万になります。

❷ ④1万倍した数に1万倍した数をかけると、1億倍した数になります。

❸ 0を省いて計算し、省いた分の0を計算結果につけます。

5ページ

❶ かける数が2けたのときと同じように計算しましょう。

❷ 0をかける計算は省けます。ただし、次のかけ算の答えの位置に気をつけましょう。

おうちのかたへ
かけ算の筆算に不安がある場合、3年生のかけ算の筆算の内容の振り返りをさせましょう。

たしかめのテスト
5 一億をこえる数
時間 20分
100
ごうかく 80点

6ページ

答え 4ページ

1 □にあてはまる数をかきましょう。 各4点(16点)

① 1億を5こ、1万を38こあわせた数は **5億38万** です。

② 1000万を **37** こ集めた数は3億7000万です。

③ 39億を10倍した数は **390億** で、10でわった数は **3億9000万** です。

できたらスゴイ!

2 8兆を10倍した数は、8兆を10でわった数の何倍ですか。 (4点)

(100倍)

3 次の計算を使って、下の答えを求めましょう。 各4点(32点)

42×37＝1554　42＋37＝79　42－37＝5

① 4200×3700＝15540000　② 42万×37万＝1554億

③ 42億×37万＝1554兆　④ 4200＋3700＝7900

⑤ 42億＋37億＝79億　⑥ 42兆－37兆＝5兆

⑦ 42万－37万＝5万　⑧ 4兆2000億－3兆7000億＝5000億

7ページ

4 次の計算をしましょう。 各4点(36点)

① 14×837：98、42、112 → 11718

② 158×146：948、632、158 → 23068

③ 352×243：1056、1408、704 → 85536

④ 687×299：6183、6183、1374 → 205413

⑤ 498×673：1494、3486、2988 → 335154

⑥ 725×987：5075、5800、6525 → 715575

⑦ 738×912：1476、738、6642 → 673056

⑧ 149×613：447、149、894 → 91337

⑨ 364×525：1820、728、1820 → 191100

5 次の計算をしましょう。 各4点(12点)

① 215×304：860、645 → 65360

② 87×506：522、435 → 44022

③ 409×608：3272、2454 → 248672

はってん 兆より大きな数の位

1 次の問題に答えましょう。

① 1京は0がいくつならびますか。

1京は **1000** 兆の10倍だから、0が **16** こならびます。

└ うすい字はなぞって考えましょう。

② 数字を18こならべて18けたの数をつくり、その数をよんでみましょう。

(例) | 1 | 2 | 3 | 4 | 5 | 6 | 0 | 0 | 0 | 0 | 0 | 0 | 0 | 0 | 0 | 0 | 0 | 0 |

(十二京三千四百五十六兆)

◀小学校では、大きな数としては兆までの数を学習します。1000兆の10倍を1京といいます。

◀数が大きくなっても数のしくみは同じです。

6 ページ

1 ②1000万を10こ集めた数は1億なので、3億は1000万を30こ集めた数です。

2 8兆を10倍すると80兆、8兆を10でわると8000億です。よって、80兆は8000億を何倍した数かを考えます。

3 ①、④100倍した数に100倍した数をかけると、答えは10000倍になります。100倍した数と100倍した数をたすと、答えは100倍した数になります。

7 ページ

4 かける数が2けたのときと同じように計算しましょう。

5 0をかける計算は省けます。ただし、次のかけ算の答えの位置に気をつけましょう。

おうちのかたへ

数が大きくなっても数のしくみや計算の仕方が同じであることを理解させましょう。

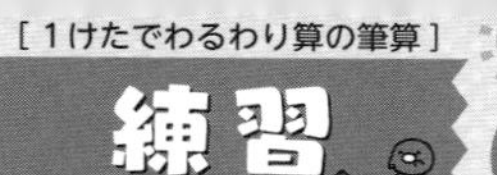

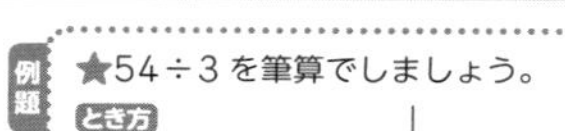

練習 6 (2けた)÷(1けた)の筆算のしかた

答え 5ページ

例題 ★54÷3を筆算でしましょう。

とき方

◀大きい位から計算します。
◀おろすものがなくなるまで計算をします。

5÷3で1をたてます。 3×1=3 5−3=2 4をおろします。 24÷3で8をたてます。 24−24=0でわり切れます。

1 次のわり算を筆算でしましょう。

① 36÷2 = 18　② 70÷5 = 14　③ 81÷3 = 27

まずは、十の位に商をたてましょう。

2 次の計算をしましょう。

① 78÷6 = 13　② 58÷2 = 29　③ 91÷7 = 13　④ 75÷5 = 15

⑤ 52÷4 = 13　⑥ 96÷8 = 12　⑦ 84÷6 = 14　⑧ 78÷3 = 26

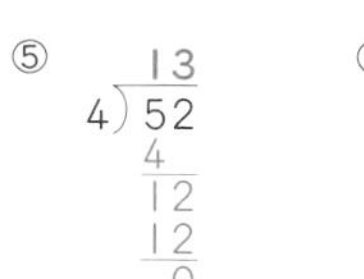
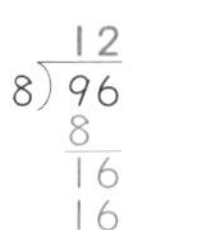

ヒント **2** ① 十の位に1をたてて、6×1=6、7から6をひいて1、8をおろすと18になるので、18を6でわります。

練習 7 (2けた)÷(1けた)の筆算(1)

答え 5ページ

例題 ★46÷3を筆算で計算して、答えのたしかめもしましょう。

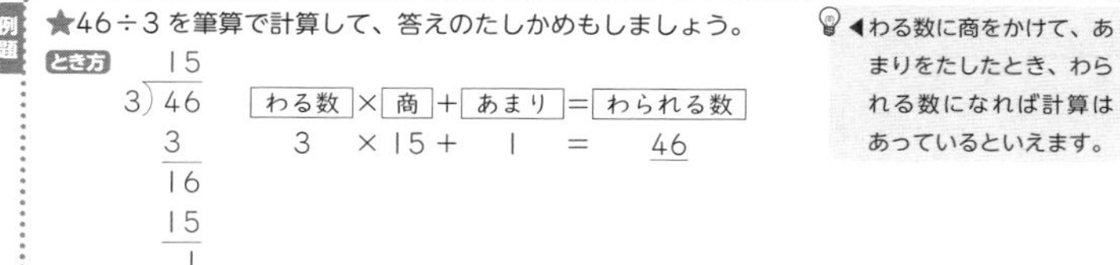

とき方 わる数×商+あまり=わられる数　3×15+1=46

◀わる数に商をかけて、あまりをたしたとき、わられる数になれば計算はあっているといえます。

1 次の計算をして、答えのたしかめもしましょう。

① 73÷2 = 36あまり1　たしかめ (2×36+1=73)
② 89÷5 = 17あまり4　たしかめ (5×17+4=89)
③ 82÷7 = 11あまり5　たしかめ (7×11+5=82)
④ 89÷3 = 29あまり2　たしかめ (3×29+2=89)
⑤ 76÷6 = 12あまり4　たしかめ (6×12+4=76)
⑥ 61÷4 = 15あまり1　たしかめ (4×15+1=61)

ヒント **1** ① 73÷2=○あまり△になるね。たしかめをするときの、わる数は2、商は○、あまりは△だよ。

8ページ

1 ①3÷2で1をたてて、2×1=2、3から2をひいて1、6をおろして16となるので16÷2で8をたてます。

2 ②5÷2で2をたてて、2×2=4、5から4をひいて1、8をおろして18となるので18÷2で9をたてます。

9ページ

1 ①7÷2で3をたてて、2×3=6、7から6をひいて1、3をおろして13となるので13÷2で6をたてます。2×6=12、13−12=1であまり1。

③8÷7で1をたてて、7×1=7、8から7をひいて1、2をおろして12となるので12÷7で1をたてます。7×1=7、12−7=5であまり5。
わられる数は、(わる数)×(商)+(あまり)で求められます。

おうちのかたへ
わり算についての理解が不足している場合、3年生のわり算の内容の振り返りをさせましょう。

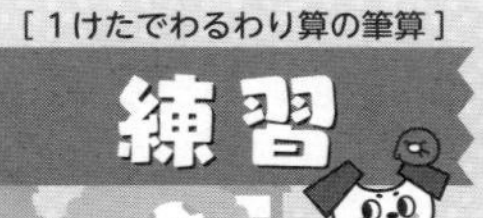

練習 8 (2けた)÷(1けた)の筆算(2)

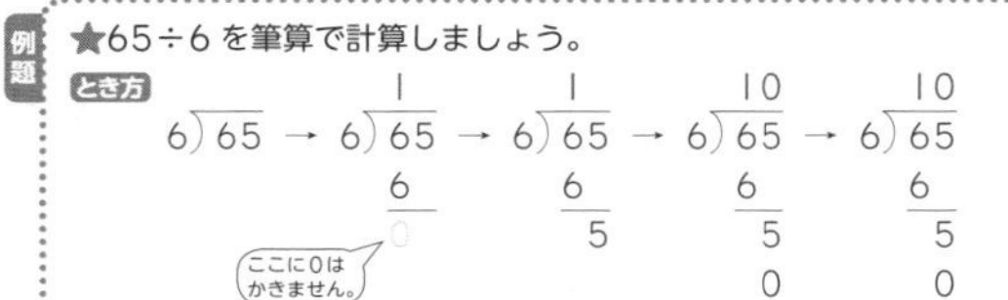

答え 6ページ

例題 ★65÷6 を筆算で計算しましょう。

とき方 6)65 → 6)65 → 6)65 → 6)65 → 6)65

6÷6で1をたてます。｜6×1=6 6−6=0で0はかきません。｜5をおろします。｜5は6でわれないので、0をたてます。｜5−0=5で5あまります。

ここに0はかきません。

◀十の位からわっていきます。
◀一の位に0がたつ場合もあります。

1 次の計算をしましょう。

① 2)68 答え 34
② 4)48 答え 12
③ 3)96 答え 32
④ 2)86 答え 43
⑤ 3)92 答え 30あまり2
⑥ 7)75 答え 10あまり5
⑦ 5)53 答え 10あまり3
⑧ 4)82 答え 20あまり2
⑨ 3)61 答え 20あまり1

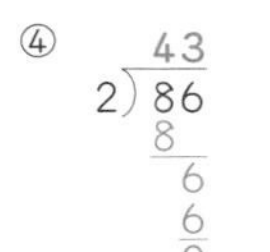

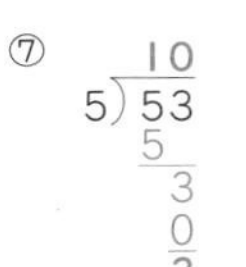

ヒント ❶⑤ 十の位に3がたつね。9から9をひいて0、2をおろすよ。2は3より小さいので、一の位は0がたつよ。

練習 9 (3けた)÷(1けた)の筆算のしかた

答え 6ページ

例題 ★735÷4 を筆算でしましょう。

とき方 4)735 → 4)735 → 4)735

7÷4で1をたてます。4×1=4 7−4=3｜3をおろして、33÷4で8をたてます。｜5をおろして、15÷4で3をたてます。4×3=12 15−12=3 あまりが3になります。

◀百の位から商をたてていきます。
◀わられる数が、わる数より小さくなったらあまりとします。

1 次のわり算を筆算でしましょう。

① 465÷3 答え 155
② 535÷5 答え 107
③ 782÷6 答え 130あまり2

十の位や一の位に0がたつ場合もあるよ。

2 次の計算をしましょう。

① 6)726 答え 121
② 7)784 答え 112
③ 5)617 答え 123あまり2
④ 8)897 答え 112あまり1
⑤ 4)840 答え 210
⑥ 6)654 答え 109
⑦ 7)915 答え 130あまり5
⑧ よくみて 3)601 答え 200あまり1

ヒント ❶② 百の位から商をたてていくよ。3は5より小さいので、十の位は0がたつね。

10ページ

❶ ⑤～⑨は、答えの一の位に0をかきわすれないようにしましょう。
⑤9÷3で3をたてて、3×3=9、9から9をひいて0、0はかかずに2をおろして2÷3で0をたてます。3×0=0、2−0=2で2あまります。

11ページ

❶ けたがふえても同じように計算します。
②5÷5で1をたてて、5×1=5、5から5をひいて0、0はかかずに3をおろして3÷5で0をたてます。5×0=0、3−0=3、5をおろして35÷5で7をたてます。5×7=35、35−35=0であまりなしです。

おうちのかたへ
十の位や一の位に0がたつときや、筆算が長くなるときにまちがえやすいのでていねいに計算させましょう。

練習 10 (3けた)÷(1けた)の筆算

答え 7ページ

例題 ★195÷4 を筆算でしましょう。

とき方
4)195 → 4)195 (4 / 16 / 3) → 4)195 (48 / 16 / 35 / 32 / 3)

百の位の１は４より小さいので、百の位に商はたちません。
19÷4で４をたてます。4×4=16　19−16=3
５をおろして35　35÷4で８をたてます。4×8=32　35−32=3

◀もっとも大きい百の位に商がたつかどうかをみます。
◀このとき、百の位に商がたたないので、十の位から商をたてます。

1 次のわり算を筆算でしましょう。

① 237÷3 → 79　(21, 27, 27, 0)
② 426÷6 → 71　(42, 6, 6, 0)
③ 304÷8 → 38　(24, 64, 64, 0)
④ 284÷3 → 94　(27, 14, 12, 2)

2 次の計算をしましょう。

① 5)465 → 93　(45, 15, 15, 0)
② 7)315 → 45　(28, 35, 35, 0)
③ 2)101 → 50　(10, 1, 0, 1)
④ 8)329 → 41　(32, 9, 8, 1)
⑤ 6)205 → 34　(18, 25, 24, 1)
⑥ 5)253 → 50　(25, 3, 0, 3)
⑦ 4)280 → 70　(28, 0)
⑧ 7)546 → 78　(49, 56, 56, 0)

ヒント 2 ⑦ 28÷4 で十の位に7がたつね。わられる数は0になるけど、一の位に0をたてるのをわすれないようにしよう。

練習 11 暗算

答え 7ページ

例題 ★72÷4 を暗算でしましょう。

とき方 72÷4 は、7÷4 で、1が たつ。四一が4で、10　四八32で、8　あわせて 18

◀大きい十の位から、商をたてるようにします。

1 暗算でしましょう。

① 42÷2=21　② 39÷3=13　③ 48÷4=12
④ 77÷7=11　⑤ 64÷2=32　⑥ 36÷3=12

2 暗算でしましょう。

① 38÷2=19　② 84÷7=12　③ 54÷3=18
④ 75÷3=25　⑤ 96÷6=16　⑥ 70÷5=14
⑦ 84÷6=14　⑧ 92÷4=23　⑨ 87÷3=29
⑩ 260÷2=130　⑪ 720÷3=240　⑫ 480÷6=80
⑬ 750÷5=150　⑭ 600÷4=150

暗算は声に出して言いながら計算しましょう。

ヒント 2 ⑭ 四一が4で 100、四五 20 で 50、あわせるといくつになるかな。

12ページ

1 百の位の数字がわる数より小さいとき、百の位には商はたちません。
①百の位の２はわる数の３より小さいので百の位に商はたちません。23÷3で7をたてます。3×7=21、23−21=2で、７をおろして27÷3で9をたてます。3×9=27、27−27=0であまりなしです。

13ページ

1 九九を声に出して言いながら、暗算をしましょう。
①二二が4で20、二一が2で1、あわせて21。

2 ①二一が2で10、二九18で9、あわせて19。
⑪三二が6で200、三四12で40、あわせて240。
⑬五一が5で100、五五25で50、あわせて150。

おうちのかたへ
暗算は声に出して計算し、繰り返し練習して身につけさせましょう。

たしかめのテスト **12** 1けたでわるわり算の筆算

時間 20分　ごうかく80点　100

答え 8ページ

1 次の計算で正しいものには○、まちがっているものには正しい答えをかきましょう。

各4点(12点)

①
```
     404        44
  8)352     8)352
     32        32
     32        32
     32         0
     32
      0
```

②
```
     187
  3)563
     3
     26
     24
     23
     21
      2
```

③
```
     140
  4)561
     4
     16
     16
      1
      0
      1
```

(　44　)　(　○　)　(140 あまり 1)

2 次の計算をしましょう。

各4点(12点)

①
```
     23
  3)69
     6
      9
      9
      0
```

②
```
     18
  5)90
     5
     40
     40
      0
```

③
```
     12
  7)84
     7
     14
     14
      0
```

3 次のわり算を筆算でしましょう。また、答えのたしかめもしましょう。

各5点(15点)

① 75÷4

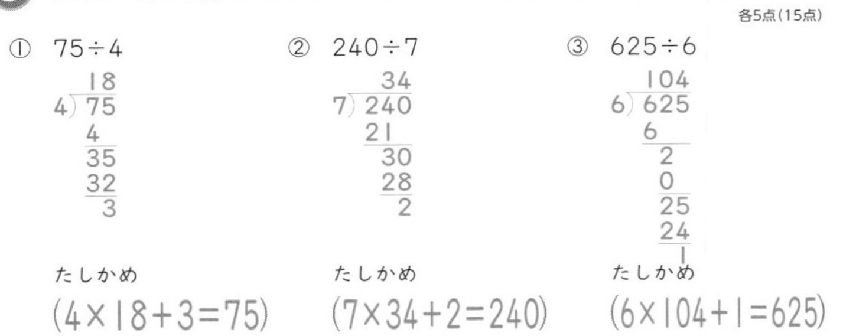

```
     18
  4)75
     4
     35
     32
      3
```
たしかめ
(4×18+3=75)

② 240÷7
```
     34
  7)240
     21
     30
     28
      2
```
たしかめ
(7×34+2=240)

③ 625÷6
```
     104
  6)625
     6
      2
      0
     25
     24
      1
```
たしかめ
(6×104+1=625)

14

4 次の計算をしましょう。

各4点(32点)

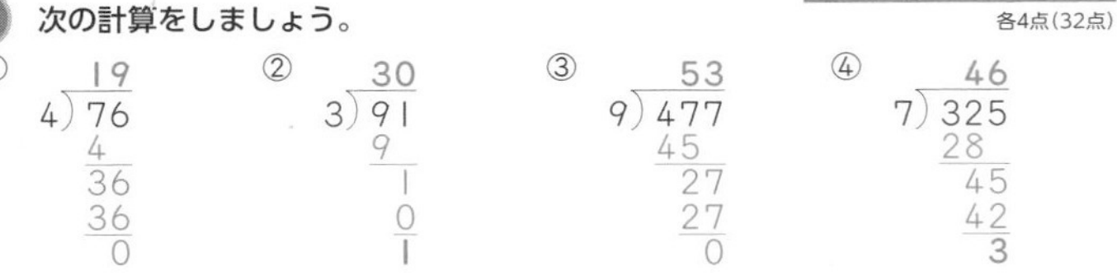

①

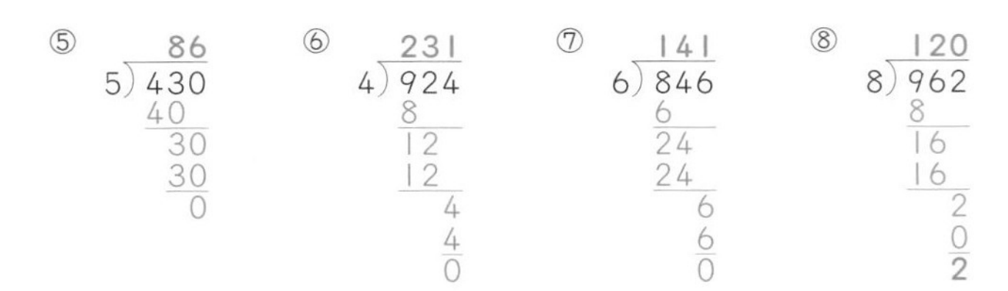

```
     19
  4)76
     4
     36
     36
      0
```

②
```
     30
  3)91
     9
      1
      0
      1
```

③
```
     53
  9)477
     45
     27
     27
      0
```

④
```
     46
  7)325
     28
     45
     42
      3
```

⑤
```
     86
  5)430
     40
     30
     30
      0
```

⑥
```
     231
  4)924
     8
     12
     12
      4
      4
      0
```

⑦
```
     141
  6)846
     6
     24
     24
      6
      6
      0
```

⑧
```
     120
  8)962
     8
     16
     16
      2
      0
      2
```

5 暗算でしましょう。

各4点(24点)

① 26÷2=13　　② 75÷3=25　　③ 88÷8=11

④ 84÷7=12　　⑤ 65÷5=13　　⑥ 300÷6=50

6 活用　右のわり算で、商が2けたになるのは、□にどんな数を
あてはめたときですか。
あてはまる数をすべて答えましょう。(5点)

4)□37

4より小さい数のときに商が2けたになる。

(　　1、2、3　　)

14ページ

15

1 ①百の位の3はわる数の
8より小さいので、十
の位から商がたちます。

③わられる数の一の位の
1をおろしたあと、
1÷4で0をたてるの
をわすれています。

3 答えのたしかめは、(わ
る数)×(商)＋(あまり)
＝(わられる数)でしま
しょう。

15ページ

4 わられる数の百の位の数
字がわる数より大きいか
同じならば、百の位から
商がたち、小さければ十
の位から商がたちます。

5 ②三二が6で20、三五
15で5、あわせて25。

6 百の位の数字が4か4よ
り大きいと、商が百の位
からたつので、商は3け
たになります。百の位の
数字が4より小さいとき
は、商が十の位からたち、
商は2けたになります。

おうちのかたへ
答えに自信がない場合はたしか
めの計算をさせましょう。

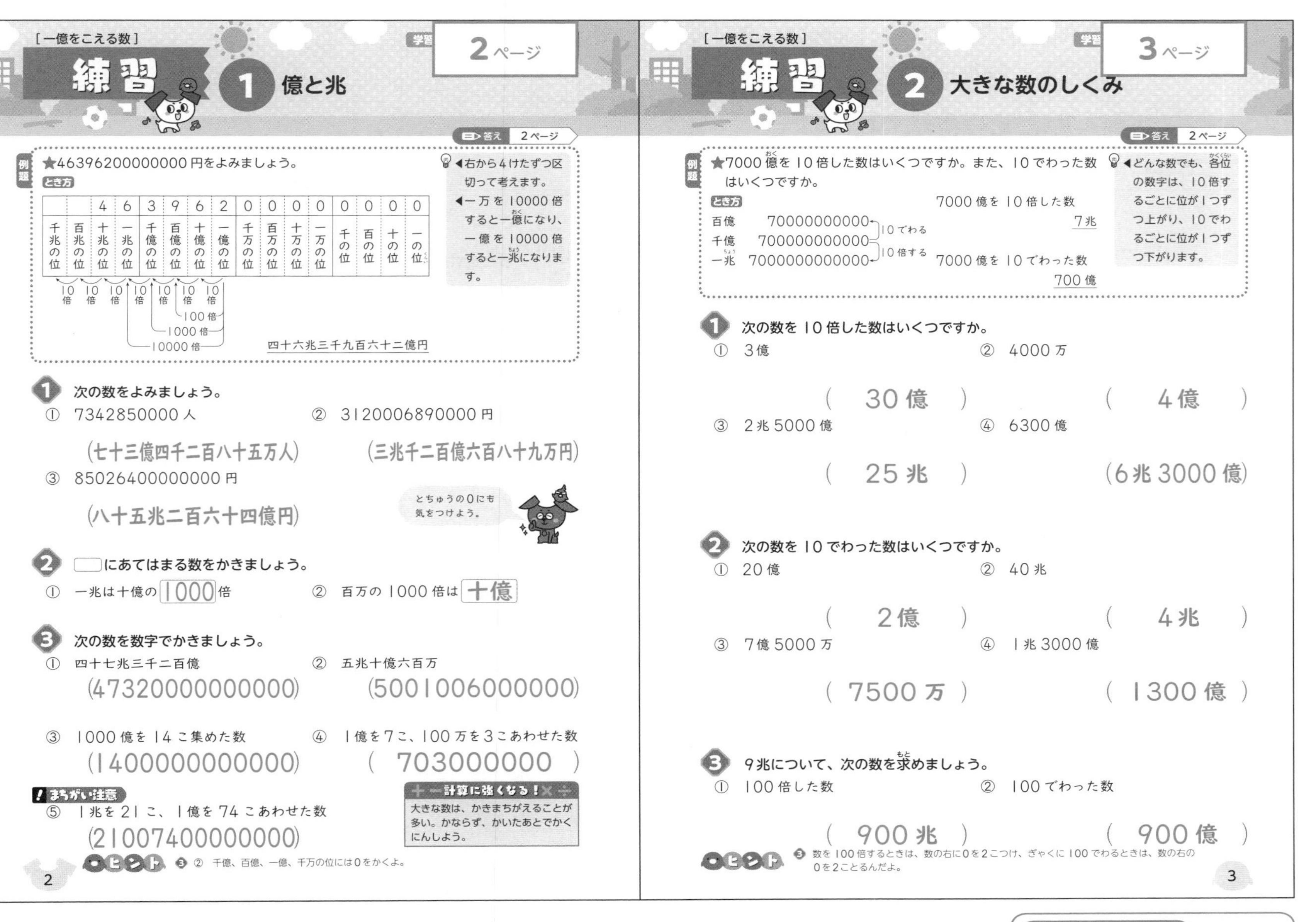

［一億をこえる数］

練習 1 億と兆

学習 2ページ

答え 2ページ

例題 ★46396200000000円をよみましょう。

とき方

		4	6	3	9	6	2	0	0	0	0	0	0	0	0
千兆の位	百兆の位	十兆の位	一兆の位	千億の位	百億の位	十億の位	一億の位	千万の位	百万の位	十万の位	一万の位	千の位	百の位	十の位	一の位

10倍　10倍　10倍　10倍　10倍　10倍　10倍
100倍　1000倍　10000倍

四十六兆三千九百六十二億円

◀右から4けたずつ区切って考えます。
◀一万を10000倍すると一億になり、一億を10000倍すると一兆になります。

1 次の数をよみましょう。

① 7342850000人　（七十三億四千二百八十五万人）

② 3120006890000円　（三兆千二百億六百八十九万円）

③ 8502640000000円　（八十五兆二百六十四億円）

とちゅうの0にも気をつけよう。

2 □にあてはまる数をかきましょう。

① 一兆は十億の［1000］倍

② 百万の1000倍は［十億］

3 次の数を数字でかきましょう。

① 四十七兆三千二百億　（47320000000000）

② 五兆十億六百万　（5001006000000）

③ 1000億を14こ集めた数　（1400000000000）

④ 1億を7こ、100万を3こあわせた数　（703000000）

まちがい注意

⑤ 1兆を21こ、1億を74こあわせた数　（21007400000000）

計算に強くなる！
大きな数は、かきまちがえることが多い。かならず、かいたあとでかくにんしよう。

ヒント ③② 千億、百億、一億、千万の位には0をかくよ。

2

［一億をこえる数］

練習 2 大きな数のしくみ

学習 3ページ

答え 2ページ

例題 ★7000億を10倍した数はいくつですか。また、10でわった数はいくつですか。

とき方

百億　70000000000
千億　700000000000
一兆　7000000000000

10でわる　10倍する

7000億を10倍した数　7兆

7000億を10でわった数　700億

◀どんな数でも、各位の数字は、10倍するごとに位が1つずつ上がり、10でわるごとに位が1つずつ下がります。

1 次の数を10倍した数はいくつですか。

① 3億　（30億）

② 4000万　（4億）

③ 2兆5000億　（25兆）

④ 6300億　（6兆3000億）

2 次の数を10でわった数はいくつですか。

① 20億　（2億）

② 40兆　（4兆）

③ 7億5000万　（7500万）

④ 1兆3000億　（1300億）

3 9兆について、次の数を求めましょう。

① 100倍した数　（900兆）

② 100でわった数　（900億）

ヒント ③ 数を100倍するときは、数の右に0を2こつけ、ぎゃくに100でわるときは、数の右の0を2ことるんだよ。

3

2ページ

1 右から4けたずつ区切ってよみます。

0000｜0000｜0000｜0000
兆　億　万

2 10倍すると位が1つ上がることから考えましょう。十億を10倍すると百億、百億を10倍すると千億、千億を10倍すると一兆になるので、一兆は十億の1000倍です。

3 0の数と0のはいるところに気をつけましょう。

3ページ

1 10倍すると各位の数字は、位が1つずつ上がります。

2 10でわると各位の数字は、位が1つずつ下がります。

3 ①100倍すると各位の数字は、位が2つずつ上がります。

②100でわると各位の数字は、位が2つずつ下がります。

おうちのかたへ

一億をこえる大きい数でも、位の変わり方は千や万のときと同じであることを身につけさせましょう。

答え 4ページ

1 □にあてはまる数をかきましょう。　□各4点(16点)

① 1億を5こ、1万を38こあわせた数は 5億38万 です。

② 1000万を 37 こ集めた数は3億7000万です。

③ 39億を10倍した数は 390億 で、
10でわった数は 3億9000万 です。

できたらスゴイ!

2 8兆を10倍した数は、8兆を10でわった数の何倍ですか。　(4点)

(100倍)

3 次の計算を使って、下の答えを求めましょう。　各4点(32点)

42×37＝1554　42＋37＝79　42－37＝5

① 4200×3700＝15540000　② 42万×37万＝1554億

③ 42億×37万＝1554兆　④ 4200＋3700＝7900

⑤ 42億＋37億＝79億　⑥ 42兆－37兆＝5兆

⑦ 42万－37万＝5万　⑧ 4兆2000億－3兆7000億＝5000億

4 次の計算をしましょう。　各4点(36点)

① 14
×837
98
42
112
11718

② 158
×146
948
632
158
23068

③ 352
×243
1056
1408
704
85536

④ 687
×299
6183
6183
1374
205413

⑤ 498
×673
1494
3486
2988
335154

⑥ 725
×987
5075
5800
6525
715575

⑦ 738
×912
1476
738
6642
673056

⑧ 149
×613
447
149
894
91337

⑨ 364
×525
1820
728
1820
191100

5 次の計算をしましょう。　各4点(12点)

① 215
×304
860
645
65360

② 87
×506
522
435
44022

③ 409
×608
3272
2454
248672

はってん 兆より大きな数の位

1 次の問題に答えましょう。

① 1京は0がいくつならびますか。

1京は 1000 兆の10倍だから、0が 16 こならびます。

└ うすい字はなぞって考えましょう。

② 数字を18こならべて18けたの数をつくり、その数をよんでみましょう。

(例) 1 2 3 4 5 6 0 0 0 0 0 0 0 0 0 0 0 0

(十二京三千四百五十六兆)

◀小学校では、大きな数としては兆までの数を学習します。1000兆の10倍を1京といいます。

◀数が大きくなっても数のしくみは同じです。

6ページ

1 ②1000万を10こ集めた数は1億なので、3億は1000万を30こ集めた数です。

2 8兆を10倍すると80兆、8兆を10でわると8000億です。よって、80兆は8000億を何倍した数かを考えます。

3 ①、④100倍した数に100倍した数をかけると、答えは10000倍になります。100倍した数と100倍した数をたすと、答えは100倍した数になります。

7ページ

4 かける数が2けたのときと同じように計算しましょう。

5 0をかける計算は省けます。ただし、次のかけ算の答えの位置に気をつけましょう。

おうちのかたへ
数が大きくなっても数のしくみや計算の仕方が同じであることを理解させましょう。

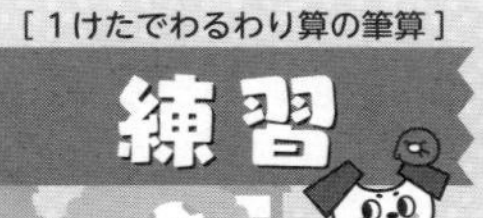

練習 8 （2けた）÷（1けた）の筆算(2)

答え 6ページ

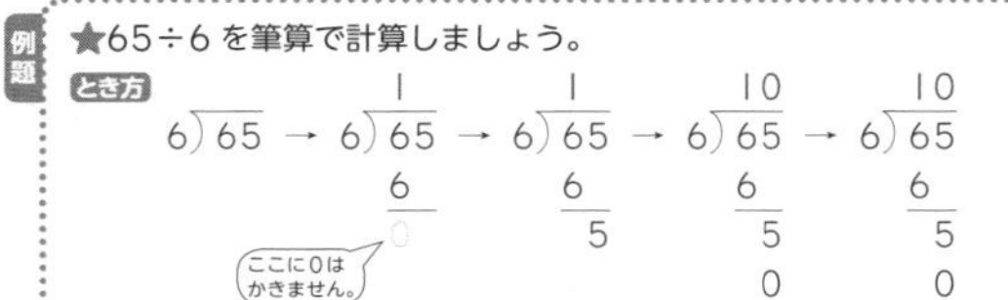

例題 ★65÷6 を筆算で計算しましょう。

とき方

6)65 → 6)65（商 1、6、0）→ 6)65（商 1、6、5）→ 6)65（商 10、6、5、0）→ 6)65（商 10、6、5、0、5）

ここに0はかきません。

6÷6で1をたてます。｜6×1=6　6−6=0で0はかきません。｜5をおろします。｜5は6でわれないので、0をたてます。｜5−0=5で5あまります。

◀十の位からわっていきます。
◀一の位に0がたつ場合もあります。

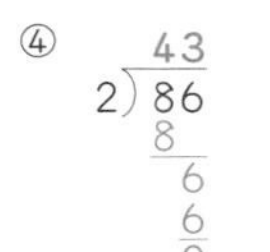

1 次の計算をしましょう。

① 2)68　商 34　6　8　8　0
② 4)48　商 12　4　8　8　0
③ 3)96　商 32　9　6　6　0

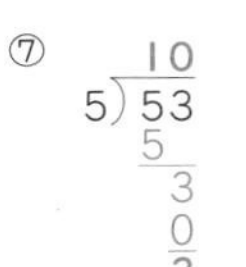

④ 2)86　商 43　8　6　6　0
⑤ 3)92　商 30　9　2　0　2
⑥ 7)75　商 10　7　5　0　5

⑦ 5)53　商 10　5　3　0　3
⑧ 4)82　商 20　8　2　0　2
⑨ 3)61　商 20　6　1　0　1

ヒント　❶ ⑤ 十の位に3がたつね。9から9をひいて0、2をおろすよ。2は3より小さいので、一の位は0がたつよ。

練習 9 （3けた）÷（1けた）の筆算のしかた

答え 6ページ

例題 ★735÷4 を筆算でしましょう。

とき方

4)735（商 1）→ 4)735（商 18、4、33、32、1）→ 4)735（商 183、4、33、32、15、12、3）

7÷4で1をたてます。4×1=4　7−4=3｜3をおろして、33÷4で8をたてます。｜5をおろして、15÷4で3をたてます。4×3=12　15−12=3　あまりが3になります。

◀百の位から商をたてていきます。
◀わられる数が、わる数より小さくなったらあまりとします。

1 次のわり算を筆算でしましょう。

① 465÷3　3)465　商 155　3　16　15　15　15　0
② 535÷5　5)535　商 107　5　3　0　35　35　0
③ 782÷6　6)782　商 130　6　18　18　2　0　2

十の位や一の位に0がたつ場合もあるよ。

2 次の計算をしましょう。

① 6)726　商 121　6　12　12　6　6　0
② 7)784　商 112　7　8　7　14　14　0
③ 5)617　商 123　5　11　10　17　15　2
④ 8)897　商 112　8　9　8　17　16　1

⑤ 4)840　商 210　8　4　4　0
⑥ 6)654　商 109　6　5　0　54　54　0
⑦ 7)915　商 130　7　21　21　5　0　5
よくみて ⑧ 3)601　商 200　6　0　0　1　0　1

ヒント　❶ ② 百の位から商をたてていくよ。3は5より小さいので、十の位は0がたつね。

10ページ

❶ ⑤〜⑨は、答えの一の位に0をかきわすれないようにしましょう。
⑤9÷3で3をたてて、3×3=9、9から9をひいて0、0はかかずに2をおろして2÷3で0をたてます。3×0=0、2−0=2で2あまります。

11ページ

❶ けたがふえても同じように計算します。
②5÷5で1をたてて、5×1=5、5から5をひいて0、0はかかずに3をおろして3÷5で0をたてます。5×0=0、3−0=3、5をおろして35÷5で7をたてます。5×7=35、35−35=0であまりなしです。

おうちのかたへ
十の位や一の位に0がたつときや、筆算が長くなるときにまちがえやすいのでていねいに計算させましょう。

答え 8ページ

時間 20分 /100 ごうかく80点

1 次の計算で正しいものには○、まちがっているものには正しい答えをかきましょう。 各4点(12点)

① 8)352 → 404 (44)
② 3)563 → 187 (○)
③ 4)561 → 140 (140あまり1)

2 次の計算をしましょう。 各4点(12点)

① 69÷3 = 23
② 90÷5 = 18
③ 84÷7 = 12

3 次のわり算を筆算でしましょう。また、答えのたしかめもしましょう。 各5点(15点)

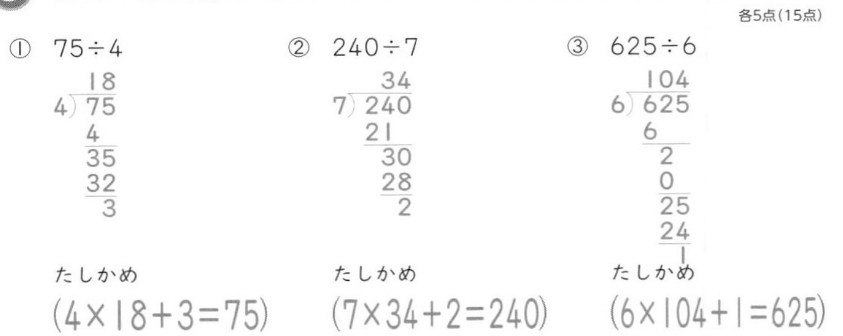

① 75÷4 = 18あまり3　たしかめ (4×18+3=75)
② 240÷7 = 34あまり2　たしかめ (7×34+2=240)
③ 625÷6 = 104あまり1　たしかめ (6×104+1=625)

4 次の計算をしましょう。 各4点(32点)

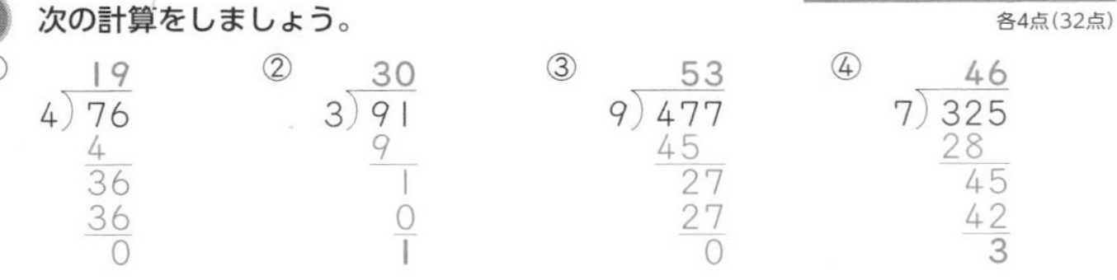

① 76÷4 = 19
② 91÷3 = 30あまり1
③ 477÷9 = 53
④ 325÷7 = 46あまり3

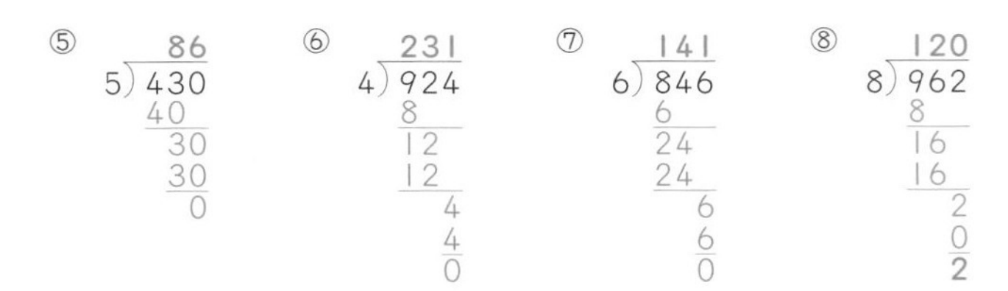

⑤ 430÷5 = 86
⑥ 924÷4 = 231
⑦ 846÷6 = 141
⑧ 962÷8 = 120あまり2

5 暗算でしましょう。 各4点(24点)

① 26÷2=13　② 75÷3=25　③ 88÷8=11
④ 84÷7=12　⑤ 65÷5=13　⑥ 300÷6=50

6 活用 右のわり算で、商が2けたになるのは、□にどんな数をあてはめたときですか。
あてはまる数をすべて答えましょう。 (5点)

4)□37

4より小さい数のときに商が2けたになる。

(1、2、3)

14ページ

1 ①百の位の3はわる数の8より小さいので、十の位から商がたちます。
③わられる数の一の位の1をおろしたあと、1÷4で0をたてるのをわすれています。

3 答えのたしかめは、(わる数)×(商)+(あまり)=(わられる数)でしましょう。

15ページ

4 わられる数の百の位の数字がわる数より大きいか同じならば、百の位から商がたち、小さければ十の位から商がたちます。

5 ②三二が6で20、三五15で5、あわせて25。

6 百の位の数字が4か4より大きいと、商が百の位からたつので、商は3けたになります。百の位の数字が4より小さいときは、商が十の位からたち、商は2けたになります。

おうちのかたへ
答えに自信がない場合はたしかめの計算をさせましょう。

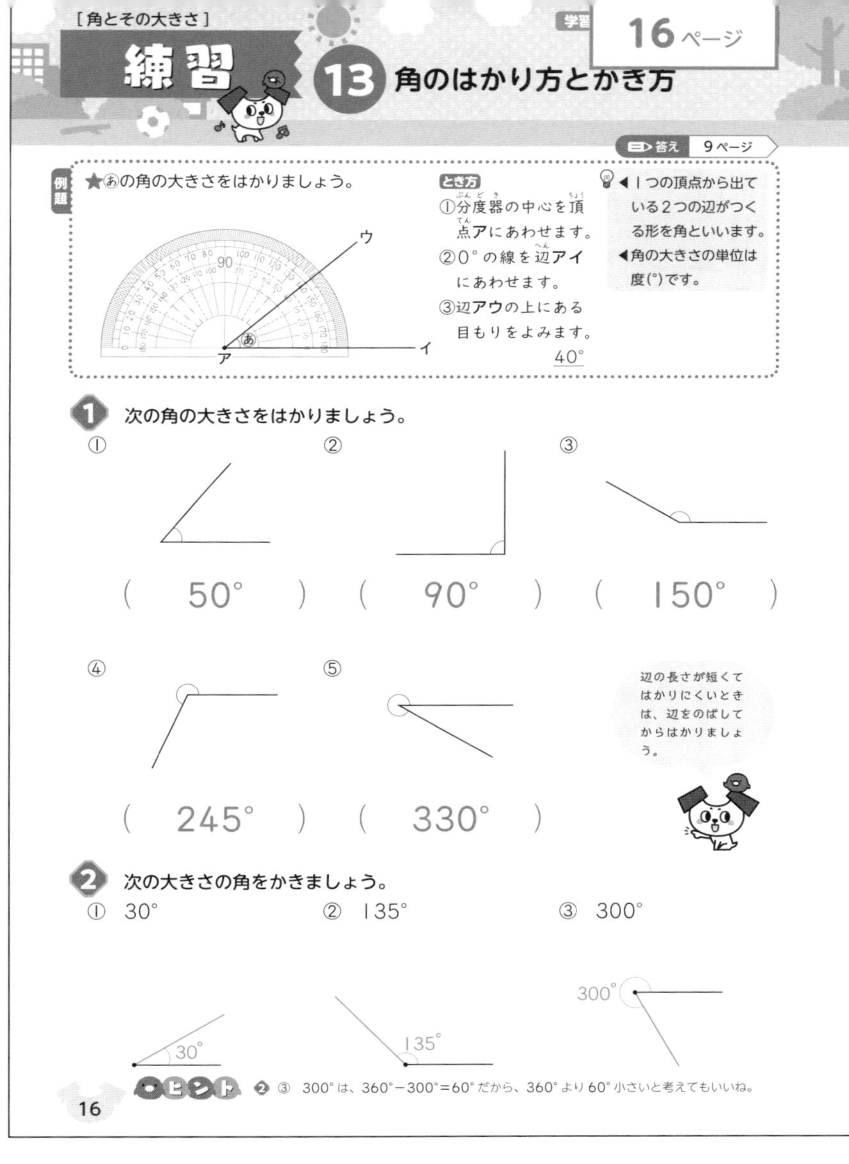

［角とその大きさ］ 学習 16ページ

練習 13 角のはかり方とかき方

答え 9ページ

例題 ★あの角の大きさをはかりましょう。

とき方
①分度器の中心を頂点アにあわせます。
②0°の線を辺アイにあわせます。
③辺アウの上にある目もりをよみます。 40°

◀１つの頂点から出ている２つの辺がつくる形を角といいます。
◀角の大きさの単位は度(°)です。

1 次の角の大きさをはかりましょう。

① (50°) ② (90°) ③ (150°)

④ (245°) ⑤ (330°)

辺の長さが短くてはかりにくいときは、辺をのばしてからはかりましょう。

2 次の大きさの角をかきましょう。

① 30° ② 135° ③ 300°

ヒント 2 ③ 300°は、360°−300°=60°だから、360°より60°小さいと考えてもいいね。

16

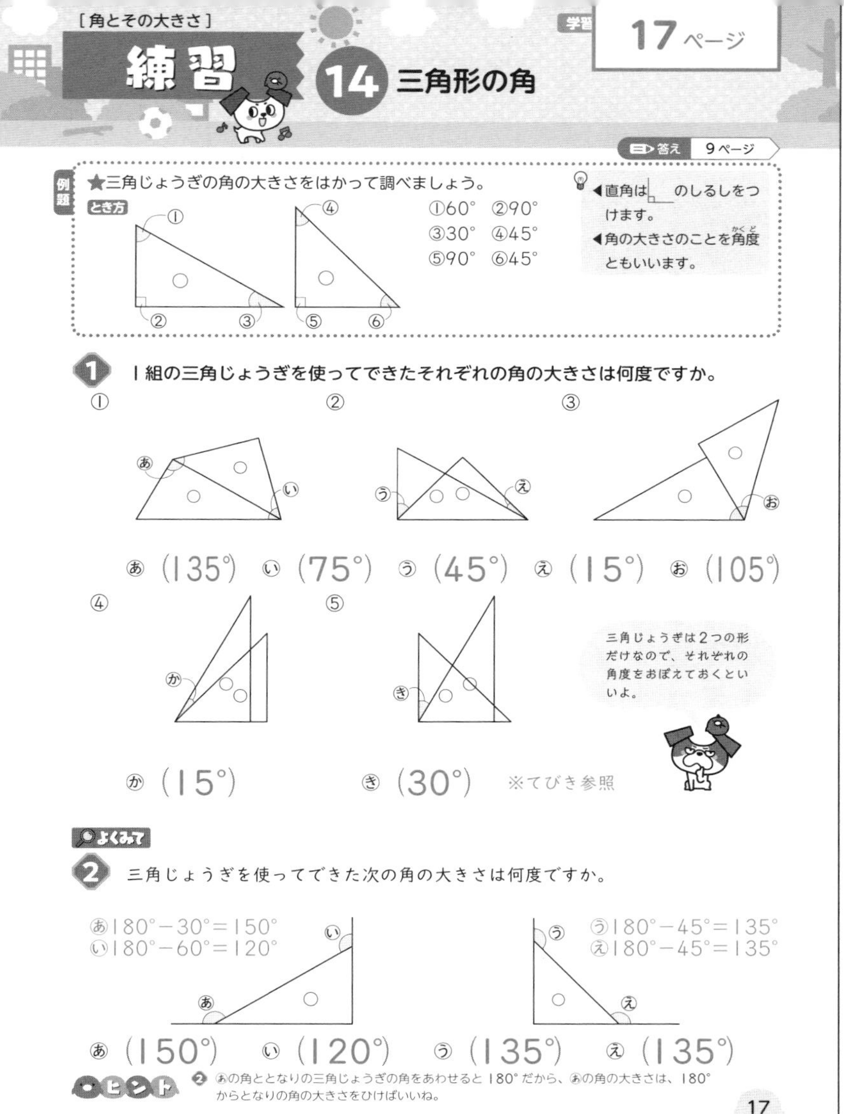

［角とその大きさ］ 学習 17ページ

練習 14 三角形の角

答え 9ページ

例題 ★三角じょうぎの角の大きさをはかって調べましょう。

とき方
①60° ②90°
③30° ④45°
⑤90° ⑥45°

◀直角は∟のしるしをつけます。
◀角の大きさのことを角度ともいいます。

1 １組の三角じょうぎを使ってできたそれぞれの角の大きさは何度ですか。

① ② ③

あ (135°) い (75°) う (45°) え (15°) お (105°)

④ ⑤

か (15°) き (30°) ※てびき参照

三角じょうぎは２つの形だけなので、それぞれの角度をおぼえておくといいよ。

よくみて

2 三角じょうぎを使ってできた次の角の大きさは何度ですか。

あ180°−30°=150°
い180°−60°=120°

う180°−45°=135°
え180°−45°=135°

あ (150°) い (120°) う (135°) え (135°)

ヒント 2 あの角ととなりの三角じょうぎの角をあわせると180°だから、あの角の大きさは、180°からとなりの角の大きさをひけばいいね。

17

16ページ

1 ①分度器の１つの線上には、目もりが２つ(50°と130°のように)かいてあるので、どちらが答えになるか気をつけましょう。

④角のしるしのないほうをはかって(115°)、360°−115°=245°と計算してもよいです。

2 ③360°−300°=60°なので、線の下側に60°の角をかき、線の上側から角のしるしをつけます。

17ページ

1 三角じょうぎは45°、45°、90°の角をもつものと、30°、60°、90°の角をもつものの２種類だけです。

①あ90°+45°=135°、
い45°+30°=75°

②う90°−45°=45°、
え45°−30°=15°

③お45°+60°=105°

④か60°−45°=15°

⑤き90°−60°=30°

おうちのかたへ
三角じょうぎの角の大きさは今後の学習でも基礎となります。

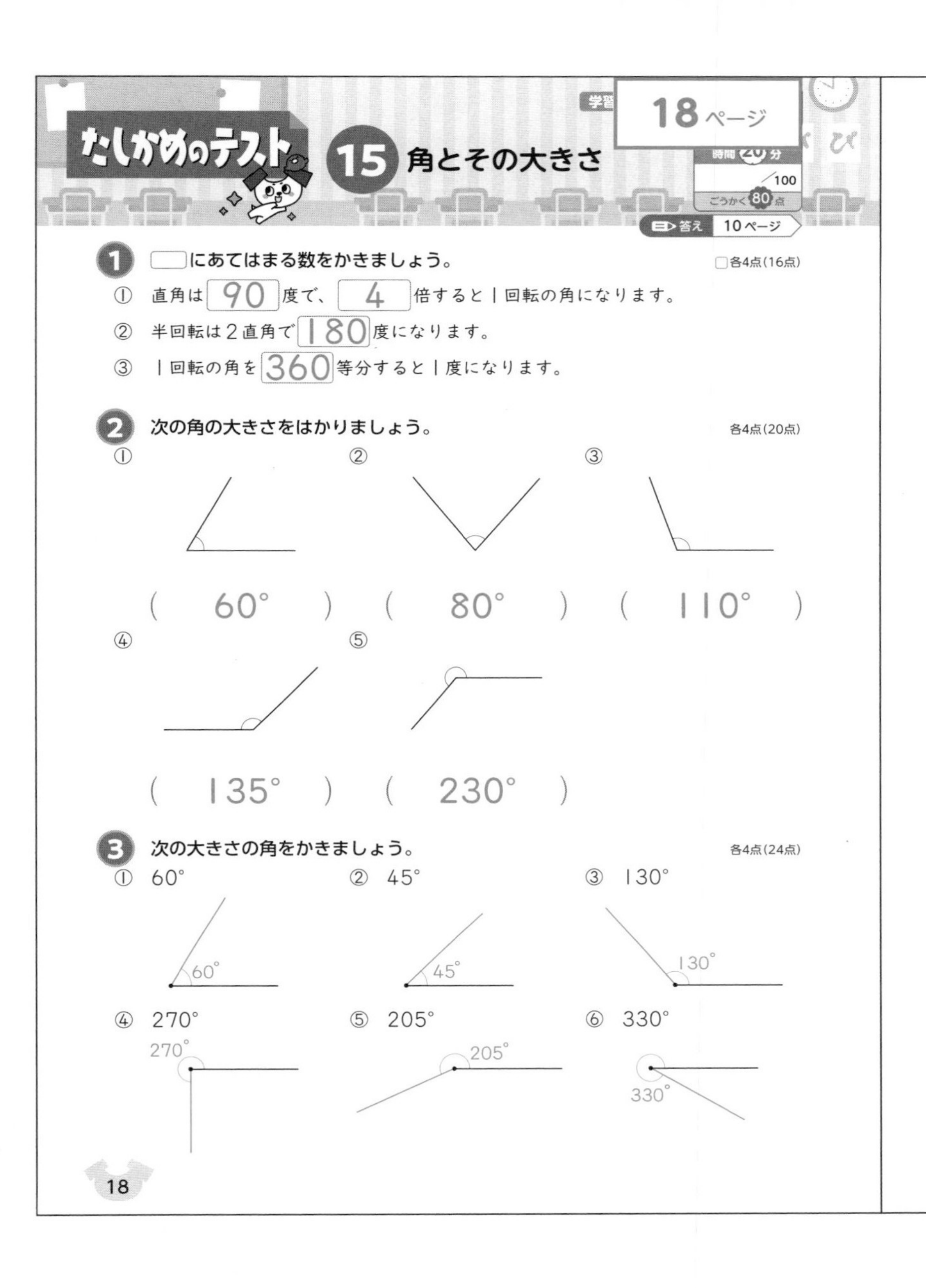

たしかめのテスト 15 角とその大きさ

18ページ

時間 20分　/100　ごうかく 80点

答え 10ページ

1 □にあてはまる数をかきましょう。　□各4点(16点)

① 直角は 90 度で、4 倍すると１回転の角になります。

② 半回転は２直角で 180 度になります。

③ １回転の角を 360 等分すると１度になります。

2 次の角の大きさをはかりましょう。　各4点(20点)

① (60°)　② (80°)　③ (110°)

④ (135°)　⑤ (230°)

3 次の大きさの角をかきましょう。　各4点(24点)

① 60°　② 45°　③ 130°

④ 270°　⑤ 205°　⑥ 330°

19ページ

4 右のような三角形をかきましょう。　(4点)

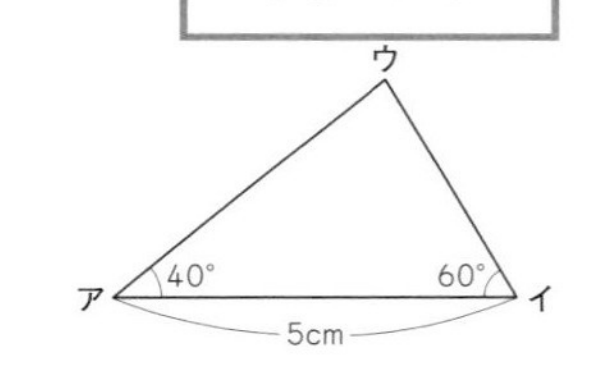

5 次の問題に答えましょう。　各4点(16点)

① あ、いの角の大きさを、計算で求めましょう。

あ (式と答え 180°−55°=125°)

い (式と答え 180°−95°=85°)

② あ、いの角の大きさを分度器ではかりましょう。

あ (125°)　い (85°)

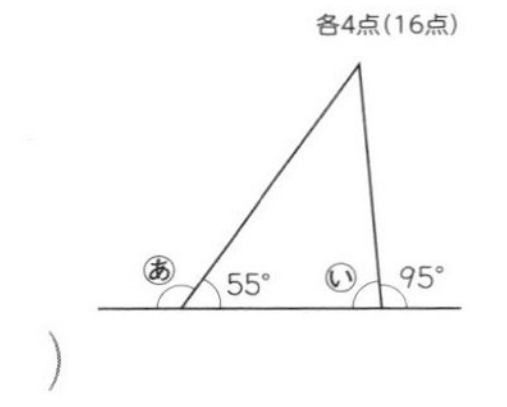

6 右の図のあ～えの角の大きさは何度ですか。　各4点(16点)

あ (110°)　い (105°)

う (105°)　え (325°)

※てびき参照

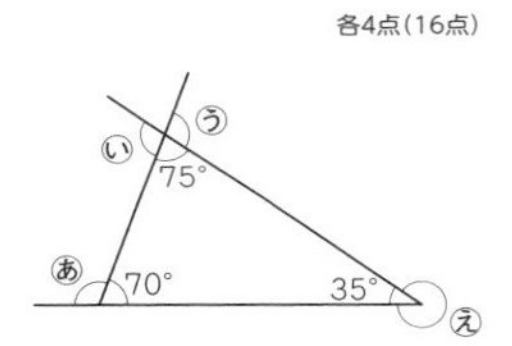

できたらスゴイ!

7 １組(２種類)の三角じょうぎを使ってできる 180° より小さい角の大きさを５つ求めましょう。　(4点)

(例　15°、30°、45°、60°、75°)

18ページ

1 直角=90°、
２直角=180°、
３直角=270°、
４直角 =360°

2 ⑤360°−130°=230°

3 ④270°−180°=90°
⑤205°−180°=25°
⑥360°−330°=30°

19ページ

4 まず、5cm の辺アイをひきます。頂点アの 40°、頂点イの 60° の直線をひき、交わる点が頂点ウになります。

5 計算で求めた答えと分度器ではかった角度は同じになります。

6 あ180°−70°=110°
い180°−75°=105°
う180°−75°=105°
え360°−35°=325°

7 ほかには、105°、120°、135°、150°があります。

おうちのかたへ
３年生で学習した正三角形、二等辺三角形の角についても振り返り、角についての学習を定着させましょう。

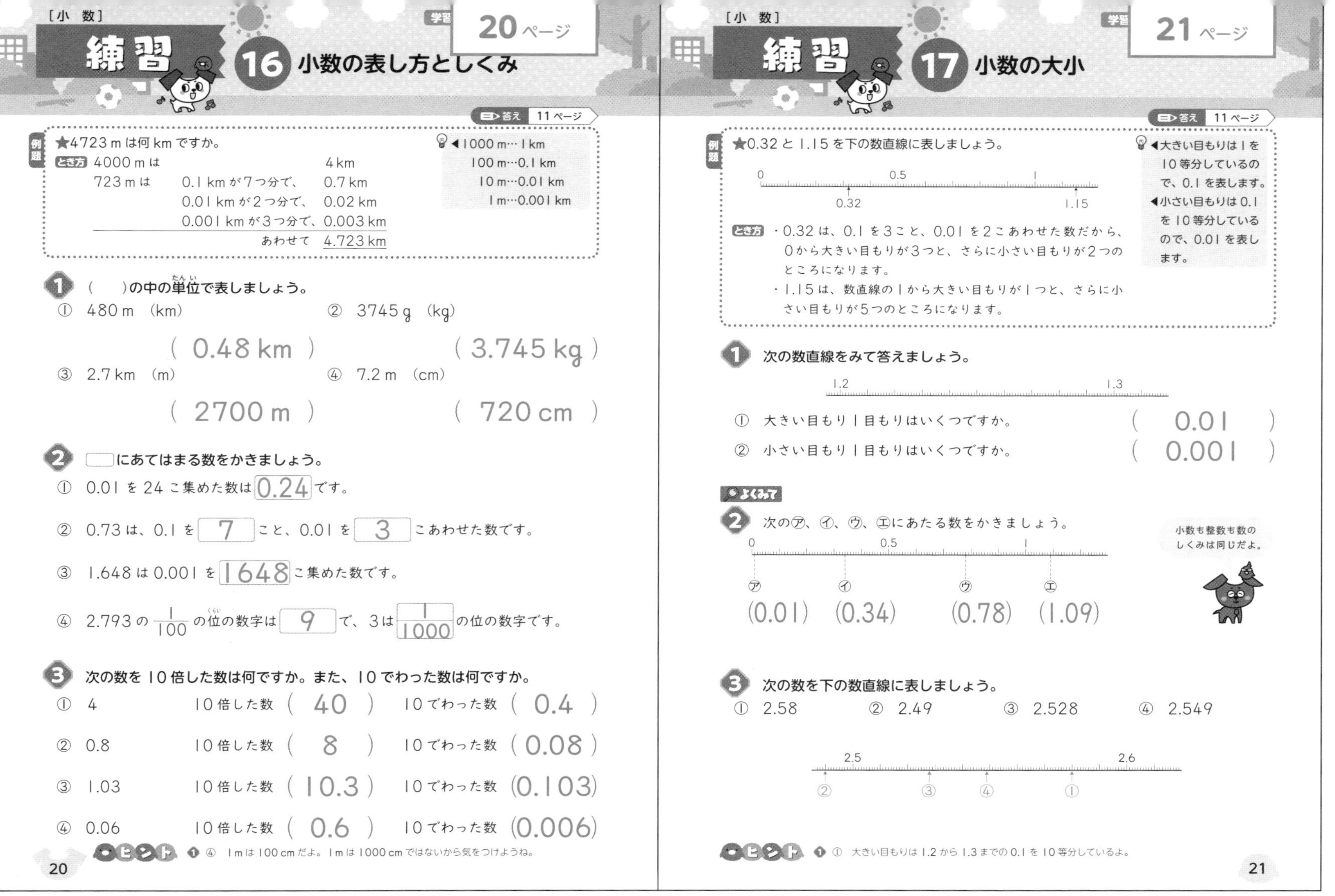

［小 数］ 練習 16 小数の表し方としくみ　20ページ

答え 11ページ

例題 ★4723 m は何 km ですか。

とき方 4000 m は　4 km
723 m は　0.1 km が7つ分で、0.7 km
0.01 km が2つ分で、0.02 km
0.001 km が3つ分で、0.003 km
あわせて 4.723 km

◀1000 m…1 km
100 m…0.1 km
10 m…0.01 km
1 m…0.001 km

1 （　）の中の単位で表しましょう。
① 480 m (km)　（0.48 km）
② 3745 g (kg)　（3.745 kg）
③ 2.7 km (m)　（2700 m）
④ 7.2 m (cm)　（720 cm）

2 □にあてはまる数をかきましょう。
① 0.01 を 24 こ集めた数は 0.24 です。
② 0.73 は、0.1 を 7 こと、0.01 を 3 こあわせた数です。
③ 1.648 は 0.001 を 1648 こ集めた数です。
④ 2.793 の $\frac{1}{100}$ の位の数字は 9 で、3は $\frac{1}{1000}$ の位の数字です。

3 次の数を10倍した数は何ですか。また、10でわった数は何ですか。
① 4　10倍した数（40）　10でわった数（0.4）
② 0.8　10倍した数（8）　10でわった数（0.08）
③ 1.03　10倍した数（10.3）　10でわった数（0.103）
④ 0.06　10倍した数（0.6）　10でわった数（0.006）

ヒント 1 ④ 1 m は 100 cm だよ。1 m は 1000 cm ではないから気をつけようね。

20

［小 数］ 練習 17 小数の大小　21ページ

答え 11ページ

例題 ★0.32 と 1.15 を下の数直線に表しましょう。

0　0.5　1
0.32　1.15

とき方 ・0.32 は、0.1 を3こと、0.01 を2こあわせた数だから、0から大きい目もりが3つと、さらに小さい目もりが2つのところになります。
・1.15 は、数直線の1から大きい目もりが1つと、さらに小さい目もりが5つのところになります。

◀大きい目もりは1を10等分しているので、0.1を表します。
◀小さい目もりは0.1を10等分しているので、0.01を表します。

1 次の数直線をみて答えましょう。
1.2　1.3
① 大きい目もり1目もりはいくつですか。（0.01）
② 小さい目もり1目もりはいくつですか。（0.001）

よくみて
2 次の㋐、㋑、㋒、㋓にあたる数をかきましょう。
0　0.5　1
㋐（0.01）　㋑（0.34）　㋒（0.78）　㋓（1.09）

小数も整数も数のしくみは同じだよ。

3 次の数を下の数直線に表しましょう。
① 2.58　② 2.49　③ 2.528　④ 2.549

2.5　2.6
②　③　④　①

ヒント 1 ① 大きい目もりは1.2から1.3までの0.1を10等分しているよ。

21

20 ページ

1 ①100 m は 0.1 km、10 m は 0.01 km だから、400 m は 0.4 km、80 m は 0.08 km。あわせて 0.48 km です。

2 ①0.01 が 10 こ集まると 0.1 になります。20 こ集まると 0.2 になります。だから 24 こ集まると 0.24 になります。
④小数点の右の位から順に、$\frac{1}{10}$ の位、$\frac{1}{100}$ の位、$\frac{1}{1000}$ の位となります。

3 各位の数字は、10 倍すると位が1つずつ上がり、10 でわると位が1つずつ下がります。

21 ページ

1 ①0.1 を 10 等分しているので1目もりは0.01。
②0.01 を 10 等分しているので1目もりは 0.001。

2 1目もりは 0.01 です。

3 1目もりは 0.001 です。

おうちのかたへ
小数についての理解が不足している場合、3年生の小数の内容の振り返りをさせましょう。

［小　数］

練習 18 小数のたし算の筆算

22ページ

答え 12ページ

例題 ★4.62＋3.25 を筆算でしましょう。

とき方
```
  4.62
+3.25
  7.87
```
① 位をたてにそろえてかきます。
② 小数第二位、小数第一位、一の位の順に計算します。
③ 上にそろえて、小数点を入れます。

◀整数のときの筆算と同じように、位をたてにきちんとそろえます。

1 次のたし算を筆算でしましょう。

① 1.27＋3.19
```
  1.27
+3.19
  4.46
```
② 4.1＋8.35
```
   4.1
+8.35
 12.45
```
③ 2.68＋3.32
```
  2.68
+3.32
  6.00
```

2 次のたし算を筆算でしましょう。

① 4.03＋5.25
```
  4.03
+5.25
  9.28
```
② 4.37＋0.49
```
  4.37
+0.49
  4.86
```
③ 7＋2.32
```
  7
+2.32
  9.32
```
④ 6.67＋4
```
  6.67
+4
 10.67
```
⑤ 7.18＋0.82
```
  7.18
+0.82
  8.00
```
⑥ 0.62＋0.08
```
  0.62
+0.08
  0.70
```
⑦ 2.03＋0.57
```
  2.03
+0.57
  2.60
```
まちがい注意
⑧ 7.36＋2.64
```
  7.36
+2.64
 10.00
```

7は、7.00と考えて計算しましょう。

ヒント ２④ 右のように位をたてにそろえてかくよ。4を4.00と考えるんだね。
```
 6.67
+4
```


［小　数］

練習 19 小数のひき算の筆算

23ページ

答え 12ページ

例題 ★7.89－6.57 を筆算でしましょう。

とき方
```
  7.89
-6.57
  1.32
```
① 位をたてにそろえてかきます。
② 小数第二位、小数第一位、一の位の順に計算します。
③ 上にそろえて、小数点を入れます。

◀整数のときの筆算と同じように、位をきちんとそろえます。

1 次のひき算を筆算でしましょう。

① 8.52－3.39
```
  8.52
-3.39
  5.13
```
② 4.12－3.47
```
  4.12
-3.47
  0.65
```
③ 5－2.76
```
  5
-2.76
  2.24
```

2 次のひき算を筆算でしましょう。

① 4.23－0.18
```
  4.23
-0.18
  4.05
```
② 8.41－7.54
```
  8.41
-7.54
  0.87
```
③ 5.28－4.38
```
  5.28
-4.38
  0.90
```
④ 6.28－4.2
```
  6.28
-4.2
  2.08
```
⑤ 9.37－3.3
```
  9.37
-3.3
  6.07
```

一の位の0は省かないよ！

⑥ 3－1.49
```
  3
-1.49
  1.51
```
⑦ 7－6.76
```
  7
-6.76
  0.24
```
⑧ 9－0.27
```
  9
-0.27
  8.73
```

ヒント １③ 右のように位をたてにそろえてかくよ。5を5.00と考えるんだね。
```
 5
-2.76
```


22ページ

1 小数点の位置をそろえてかき、整数のときと同じように筆算をします。答えには、上と同じ位置に小数点を入れます。

2 小数点以下のさいごに0がつくときは、0は省きます。

⑧小数点以下に0が2つつくので省いて、答えは10になります。

23ページ

1 小数点の位置をそろえてかき、整数のときと同じように筆算をします。答えには、上と同じ位置に小数点を入れます。

③5は5.00と考えて計算しましょう。

2 ②、③、⑦は一の位が0になります。⑥、⑦、⑧はそれぞれ、3.00、7.00、9.00と考えて計算しましょう。

おうちのかたへ
小数点以下のけた数が増えても、同じように計算できることを理解させましょう。

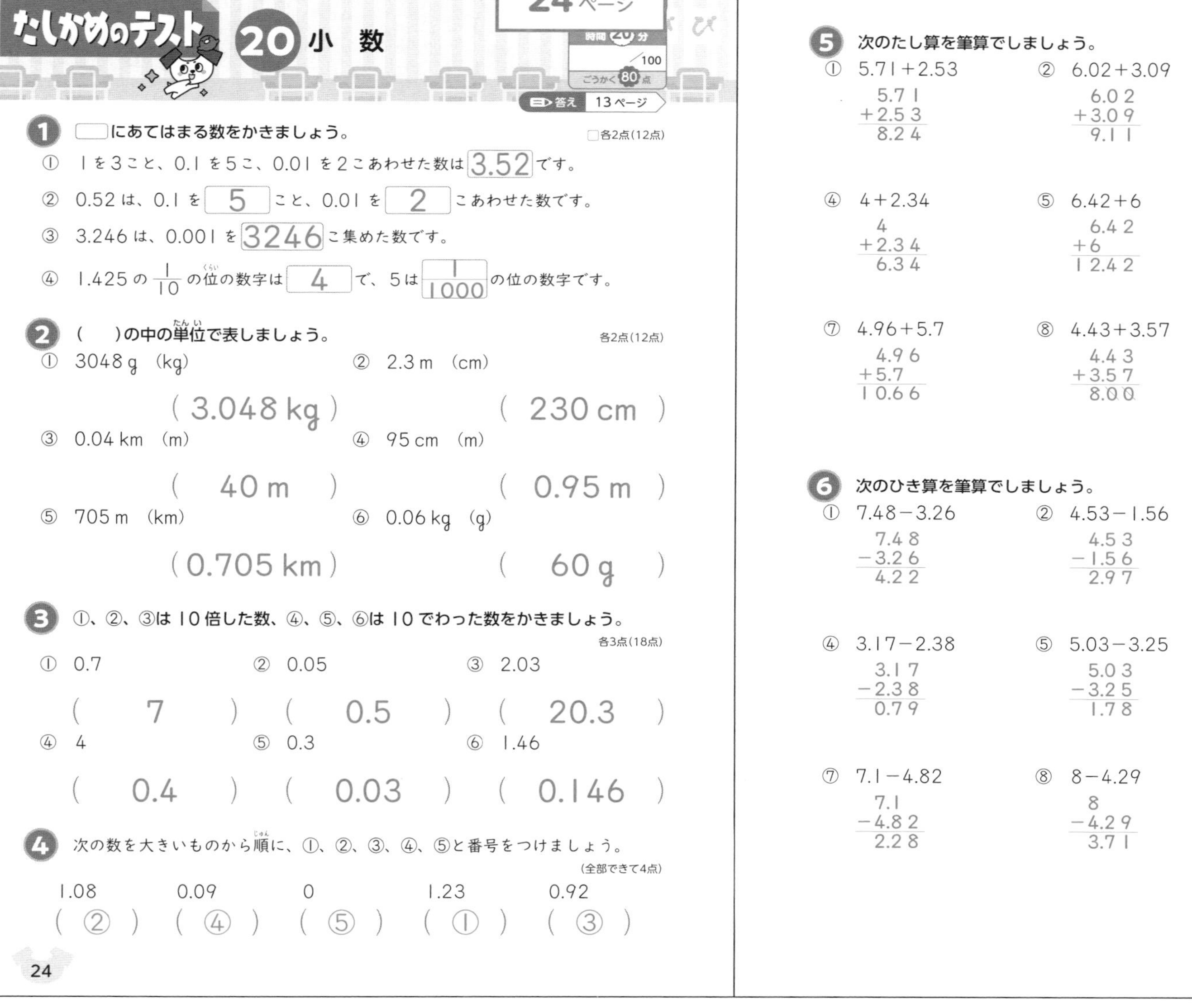

たしかめのテスト 20 小数

24ページ

時間 20分 100 ごうかく 80点

答え 13ページ

1 □にあてはまる数をかきましょう。 □各2点(12点)

① 1を3こと、0.1を5こ、0.01を2こあわせた数は 3.52 です。

② 0.52は、0.1を 5 こと、0.01を 2 こあわせた数です。

③ 3.246は、0.001を 3246 こ集めた数です。

④ 1.425の $\frac{1}{10}$ の位の数字は 4 で、5は $\frac{1}{1000}$ の位の数字です。

2 （　）の中の単位で表しましょう。 各2点(12点)

① 3048g (kg)　(3.048kg)

② 2.3m (cm)　(230cm)

③ 0.04km (m)　(40m)

④ 95cm (m)　(0.95m)

⑤ 705m (km)　(0.705km)

⑥ 0.06kg (g)　(60g)

3 ①、②、③は10倍した数、④、⑤、⑥は10でわった数をかきましょう。 各3点(18点)

① 0.7　(7)

② 0.05　(0.5)

③ 2.03　(20.3)

④ 4　(0.4)

⑤ 0.3　(0.03)

⑥ 1.46　(0.146)

4 次の数を大きいものから順に、①、②、③、④、⑤と番号をつけましょう。 (全部できて4点)

1.08	0.09	0	1.23	0.92
(②)	(④)	(⑤)	(①)	(③)

24

25ページ

5 次のたし算を筆算でしましょう。 各3点(27点)

① 5.71＋2.53 = 8.24

② 6.02＋3.09 = 9.11

③ 1.07＋0.98 = 2.05

④ 4＋2.34 = 6.34

⑤ 6.42＋6 = 12.42

⑥ 5.7＋6.18 = 11.88

⑦ 4.96＋5.7 = 10.66

⑧ 4.43＋3.57 = 8.00

⑨ 2.52＋0.48 = 3.00

6 次のひき算を筆算でしましょう。 各3点(27点)

① 7.48－3.26 = 4.22

② 4.53－1.56 = 2.97

③ 6.02－0.79 = 5.23

④ 3.17－2.38 = 0.79

⑤ 5.03－3.25 = 1.78

⑥ 9.61－7.6 = 2.01

⑦ 7.1－4.82 = 2.28

⑧ 8－4.29 = 3.71

⑨ 10－2.98 = 7.02

25

おうちのかたへ
小数の計算では、整数の計算との違いを考えさせましょう。

24ページ

1 ③0.001が6こで0.006、0.001が46こで0.046、0.001が246こで0.246、0.001が3246こで3.246になります。

2 1kg＝1000g
1g＝0.001kg
1m＝100cm
1cm＝0.01m
1km＝1000m
1m＝0.001km

3 ①～③各位の数は10倍すると、位が1つずつ上がるので、小数点を右へ1つずらします。
④～⑥各位の数は10でわると位が1つずつ下がるので、小数点を左へ1つずらします。

25ページ

5 小数点の位置をそろえてかき、整数のときと同じように筆算をします。答えには、上と同じ位置に小数点を入れます。
④4は4.00と考えて計算します。

21 計算のふく習テスト①

学習 時間30分 /100 ごうかく80点

本文 2〜25ページ　答え 14ページ

1 次の計算をしましょう。 各2点(16点)

① 232×214
928
232
464
49648

② 353×278
2824
2471
706
98134

③ 91×248
728
364
182
22568

④ 396×366
2376
2376
1188
144936

⑤ 229×405
1145
916
92745

⑥ 157×303
471
471
47571

⑦ 308×604
1232
1848
186032

⑧ 701×809
6309
5608
567109

2 次の計算をしましょう。 各3点(36点)

① 5)78　商 15
5
28
25
3

② 8)95　商 11
8
15
8
7

③ 4)92　商 23
8
12
12
0

④ 3)78　商 26
6
18
18
0

⑤ 6)774　商 129
6
17
12
54
54
0

⑥ 4)812　商 203
8
1
0
12
12
0

⑦ 5)567　商 113
5
6
5
17
15
2

⑧ 7)651　商 93
63
21
21
0

⑨ 2)149　商 74
14
9
8
1

⑩ 9)585　商 65
54
45
45
0

⑪ 8)328　商 41
32
8
8
0

⑫ 6)302　商 50
30
2
0
2

3 次の計算を暗算でしましょう。 各2点(12点)

① 24÷2＝12　② 84÷4＝21　③ 63÷3＝21

④ 85÷5＝17　⑤ 90÷6＝15　⑥ 3600÷6＝600

4 次の計算を筆算でしましょう。 各2点(36点)

① 4.13+2.86
4.13
+2.86
6.99

② 6.07+2.06
6.07
+2.06
8.13

③ 8.06+0.95
8.06
+0.95
9.01

④ 4+3.27
4
+3.27
7.27

⑤ 2.14+8
2.14
+8
10.14

⑥ 0.63+4.2
0.63
+4.2
4.83

⑦ 1.27+3.73
1.27
+3.73
5.00

⑧ 6.45+0.55
6.45
+0.55
7.00

⑨ 4.57+3.68
4.57
+3.68
8.25

⑩ 7.71−2.47
7.71
−2.47
5.24

⑪ 3.66−1.69
3.66
−1.69
1.97

⑫ 6.02−0.98
6.02
−0.98
5.04

⑬ 5.33−4.65
5.33
−4.65
0.68

⑭ 8.04−7.93
8.04
−7.93
0.11

⑮ 4.28−2.2
4.28
−2.2
2.08

⑯ 9.5−3.26
9.5
−3.26
6.24

⑰ 5−3.14
5
−3.14
1.86

⑱ 10−2.28
10
−2.28
7.72

26ページ

1 ⑤かける数の十の位(くらい)は0なので、かかなくてもよいです。かける数の百の位の4をかけるときには答えをかく位置(いち)に気をつけましょう。

2 ⑥1は4より小さいので、十の位は0がたちます。
⑧百の位の6は7より小さいので、百の位に商はたちません。

27ページ

3 ④五一が5で10、五七35で7、あわせて17。

4 小数点の位置をあわせて筆算します。答えにも同じ位置に小数点をつけます。
④4は4.00と考えて計算します。
⑬一の位の0は省(はぶ)きません。0と小数点をわすれずにつけましょう。

おうちのかたへ
けたが増えてもあわてずに計算できるように練習させましょう。小数の筆算では、位をそろえることや小数点をつけることなどのポイントをもう一度確認しましょう。

22 何十でわるわり算

答え 15ページ

例題 ★60÷30 の計算をしましょう。

とき方 10 をもとにして考えると、60÷30 の答えは、6÷3 の答えと同じになります。
60÷30＝2

◀0をそれぞれとり、1けたどうしの計算におきかえます。

1 次のわり算をしましょう。

① 80÷20＝4　② 90÷30＝3　③ 50÷50＝1

④ 160÷40＝4　⑤ 350÷50＝7　⑥ 180÷60＝3

⑦ 320÷40＝8　⑧ 540÷90＝6　⑨ 480÷80＝6

2 次のわり算をして、あまりも求めましょう。

① 50÷20 ＝2 あまり 10　② 80÷30 ＝2 あまり 20　③ 190÷30 ＝6 あまり 10

50÷20 の あまりは、1ではないよ。

④ 400÷60 ＝6 あまり 40　⑤ 530÷70 ＝7 あまり 40　⑥ 260÷50 ＝5 あまり 10

2 ③ 10 をもとにして考えると、19÷3=6 あまり 1 だね。あまりの 1 は、10 が 1 こあまるということだよ。

［2けたでわるわり算の筆算］
練習

23 商が1けたになるわり算の筆算

答え 15ページ

例題 ★96÷24 を筆算でしましょう。

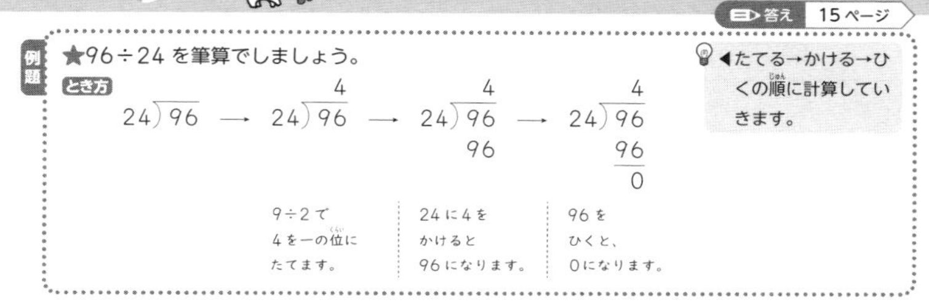

とき方
24)96 → 24)96 → 24)96 → 24)96
9÷2 で 4 を一の位にたてます。
24 に 4 を かけると 96 になります。
96 を ひくと、0になります。
◀たてる→かける→ひくの順に計算していきます。

1 次の計算をしましょう。

① 48÷12 ＝ 4（48−48＝0）　② 75÷25 ＝ 3（75−75＝0）　③ 93÷31 ＝ 3（93−93＝0）

④ 86÷43 ＝ 2（86−86＝0）　⑤ 69÷23 ＝ 3（69−69＝0）　⑥ 54÷27 ＝ 2（54−54＝0）

⑦ 74÷37 ＝ 2（74−74＝0）　⑧ 88÷22 ＝ 4（88−88＝0）　⑨ 68÷17 ＝ 4（68−68＝0）

⑩ 312÷52 ＝ 6（312−312＝0）　⑪ 140÷35 ＝ 4（140−140＝0）　⑫ 258÷43 ＝ 6（258−258＝0）

ヒント 1 ⑩ 300÷50 と考え、30÷5 から商を 6 と見当をつけよう。商は一の位にたてるよ。

28ページ

1 わる数、わられる数のそれぞれから0を1つずつとって計算します。
①8÷2 におきかえて計算します。

2 あまりに0をつけるのをわすれないようにしましょう。
②8÷3＝2 あまり2なので、10が2こあまることになり、あまり20です。
④40÷6＝6 あまり4なので、10が4こあまることになり、あまり40です。

29ページ

1 ⑧9÷2 で4を一の位にたてます。
⑫25 は 43 より小さいので、十の位に商はたちません。250÷40 と考え、25÷4 から商を6と見当をつけます。

おうちのかたへ
1けたでわるわり算と同じように、答えのたしかめをさせて、理解を深めましょう。

[2けたでわるわり算の筆算]

練習 24 見当をつけた商のなおし方

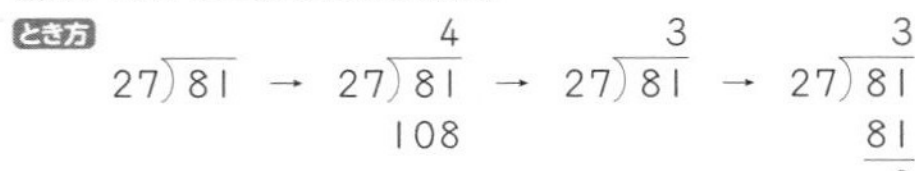

答え 16ページ

例題 ★81÷27を筆算でしましょう。

とき方

27)81 → 27)81 商4, 108 → 27)81 商3 → 27)81 商3, 81, 0

80÷20と考え、商の見当をつけます。
見当をつけた商の4を一の位にたて、27×4の計算をします。
商が4では大きすぎるので、1小さい3をたてます。
27×3の計算をします。81−81=0

◀見当をつけた商が大きすぎたときは、1ずつ小さくしていきます。

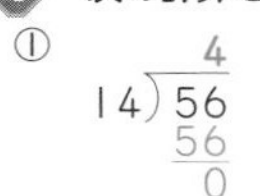

1 次の計算をしましょう。

① 14)56 商4　56　0
② 19)95 商5　95　0
③ 25)100 商4　100　0
④ 38)152 商4　152　0
⑤ 49)245 商5　245　0
⑥ 27)135 商5　135　0

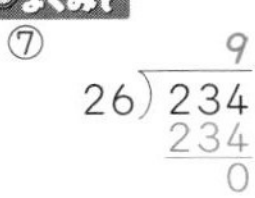

よくみて

⑦ 26)234 商9　234　0
⑧ 37)222 商6　222　0
⑨ 18)108 商6　108　0
⑩ 28)196 商7　196　0
⑪ 56)504 商9　504　0

見当をつけた商が10になるときは、まず9をたてましょう。

ヒント 1 ③ 100÷20と考え、10÷2から、5を一の位にたてると、25×5=125だね。100から125はひけないので、商を1小さくしてみよう。

[2けたでわるわり算の筆算]

練習 25 あまりのあるわり算の筆算

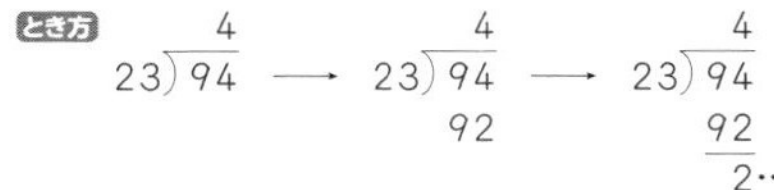

答え 16ページ

例題 ★94÷23を筆算でしましょう。

とき方

23)94 商4 → 23)94 商4, 92 → 23)94 商4, 92, 2…あまり

一の位に4をたてます。
23×4=92
94−92=2

◀90÷20と考え、9÷2から商を4と見当をつけます。

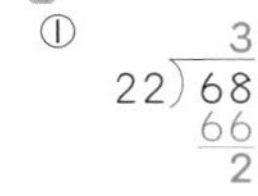

1 次の計算をしましょう。

① 22)68 商3　66　2
② 35)79 商2　70　9
③ 48)97 商2　96　1
④ 31)97 商3　93　4
⑤ 18)62 商3　54　8
⑥ 52)82 商1　52　30
⑦ 35)215 商6　210　5
⑧ 51)445 商8　408　37
⑨ 27)132 商4　108　24
⑩ 56)512 商9　504　8

まちがい注意

⑪ 34)303 商8　272　31

あまりはかならずわる数より小さくなるよ。

ヒント (わる数)×(商)+(あまり)=(わられる数)の式で答えのたしかめをしてみよう。

おうちのかたへ
10をもとにして考えるというやりかたの延長です。わからない場合は「何十でわるわり算」の振り返りをさせましょう。

30ページ

1 ①50÷10と考えると、見当をつけた商は大きすぎるので、1小さくします。
②90÷10と考えると、見当をつけた商は大きすぎるので、9→8→7→6→5と1ずつ小さくしていきます。
⑦20÷2と考えると10がたつことになるので、このようなときは、まず9、をたてます。

31ページ

1 ①60÷20と考え、6÷2から商を3と見当をつけます。22×3=66、68−66=2で、あまり2。
⑨100÷20と考えると、見当をつけた商は大きすぎるので、1小さくします。
27×4=108、
132−108=24で、あまり24。

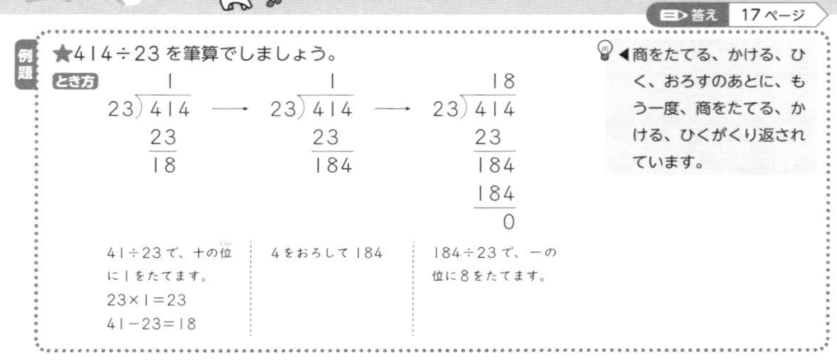

例題 ★414÷23を筆算でしましょう。

とき方

▶商をたてる、かける、ひく、おろすのあとに、もう一度、商をたてる、かける、ひくがくり返されています。

```
     1          1          18
23)414  →  23)414  →  23)414
  23          23          23
  18         184         184
                         184
                           0
```

41÷23で、十の位に1をたてます。
23×1＝23
41－23＝18

4をおろして184

184÷23で、一の位に8をたてます。

1 次の計算をしましょう。

```
①          11          ②          32          ③          21
35)385              28)896              46)966
  35                  84                  92
  35                  56                  46
  35                  56                  46
   0                   0                   0
```

2 次の計算をしましょう。

```
①          18          ②          26          ③          29
42)756              37)962              18)522
  42                  74                  36
 336                 222                 162
 336                 222                 162
   0                   0                   0
```

```
④          26          ⑤          72          ⑥          65
26)678              55)3960             74)4870
  52                 385                 444
 158                 110                 430
 156                 110                 370
   2                   0                  60
```

●ヒント **2** ⑤ 39は55より小さいので、商は百の位にたたないね。
390÷50と考え、39÷5から商を7と見当をつけよう。

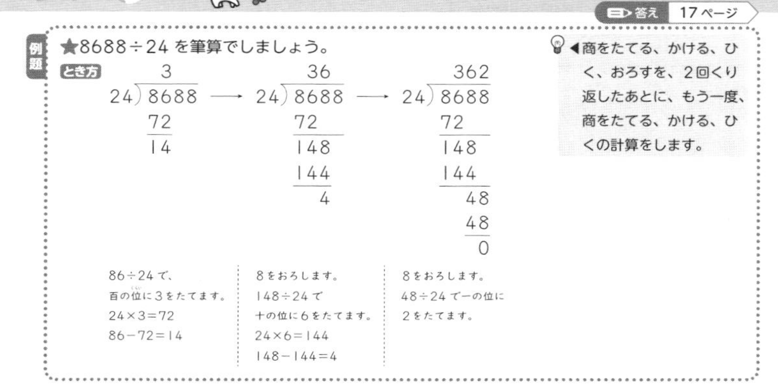

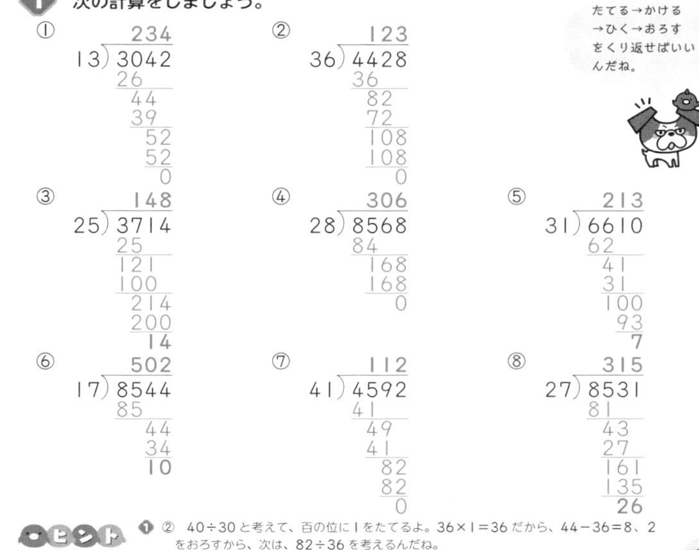

例題 ★8688÷24を筆算でしましょう。

とき方

▶商をたてる、かける、ひく、おろすを、2回くり返したあとに、もう一度、商をたてる、かける、ひくの計算をします。

```
      3           36          362
24)8688  →  24)8688  →  24)8688
  72          72           72
  14         148          148
             144          144
               4           48
                           48
                            0
```

86÷24で、百の位に3をたてます。
24×3＝72
86－72＝14

8をおろします。
148÷24で十の位に6をたてます。
24×6＝144
148－144＝4

8をおろします。
48÷24で一の位に2をたてます。

1 次の計算をしましょう。

たてる→かける→ひく→おろすをくり返せばいいんだね。

```
①         234         ②         123
13)3042            36)4428
  26                 36
  44                 82
  39                 72
  52                108
  52                108
   0                  0
```

```
③         148         ④         306         ⑤         213
25)3714            28)8568            31)6610
  25                 84                 62
 121                168                 41
 100                168                 31
 214                  0                100
 200                                    93
  14                                     7
```

```
⑥         502         ⑦         112         ⑧         315
17)8544            41)4592            27)8531
  85                 41                 81
  44                 49                 43
  34                 41                 27
  10                 82                161
                     82                135
                      0                 26
```

●ヒント **1** ② 40÷30と考えて、百の位に1をたてるよ。36×1＝36だから、44－36＝8、2をおろすから、次は、82÷36を考えるんだね。

◆ おうちのかたへ
百の位から商がたつ場合でも、筆算のしかたは同じです。何の位から商がたつかの判別がすぐにできるようにさせましょう。

32ページ

1 ①38÷35で、十の位に1をたてます。
35×1＝35、38－35＝3、5をおろして35なので、35÷35で、1の位に1をたてます。

2 ④60÷20と考えて、商を3と見当をつけると大きすぎるので、1小さくして2とします。
⑥48は74より小さいので、百の位に商はたちません。480÷70と考えて、商を6と見当をつけます。

33ページ

1 ①30÷13で百の位に2をたてます。
13×2＝26、30－26＝4で、4をおろして44÷13の商の見当をつけます。
④80÷20と考えて、商を4と見当をつけると大きすぎるので、3をたてます。十の位に0がたつことに注意しましょう。

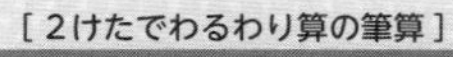

練習 28 商に0のたつわり算

答え 18ページ

例題 ★742÷36 を筆算でしましょう。

とき方

```
     2              2               20
36)742   ──→   36)742   ──→    36)742
   72             72              72
                  22     ここは   ┌22
                         かかなく │ 0
                         てもかま └──
                         いません。 22
```

74÷36 で、十の位（くらい）に2をたてます。36×2=72 ｜ 74−72=2　2をおろして 22

◀商の一の位が0になるとき、その0をかきわすれないようにします。

1 次の計算をしましょう。

① 15)610 → 40、60、10

② 27)553 → 20、54、13

③ 17)342 → 20、34、2

④ 29)600 → 20、58、20

⑤ 24)495 → 20、48、15

⑥ 46)503 → 10、46、43

⑦ 35)726 → 20、70、26

⑧ 19)776 → 40、76、16

よくみて ⑨ 43)900 → 20、86、40

⑩ 14)1692 → 120、14、29、28、12

⑪ 64)3245 → 50、320、45

答えのたしかめは、わる数×商＋あまり＝わられる数だったわね。

ヒント ❶ ② 50÷20 と考えて、十の位に2をたてるよ。27×2=54 だから、55−54=1 だね。3をおろすと 13。13 はあまりだけど、商の一の位があいているよ。

練習 29 わり算のせいしつ

答え 18ページ

例題 ★60÷30 をわり算のせいしつを使って計算しましょう。

とき方 わられる数とわる数を 10 でわると、6÷3

60÷30=6÷3=2

◀わり算では、わられる数とわる数に同じ数をかけても、わられる数とわる数を同じ数でわっても、商は同じになります。

1 次のわり算をしましょう。

① 80÷20=4　② 270÷30=9

③ 400÷80=5　④ 4900÷700=7　⑤ 3000÷500=6

⑥ 5400÷900=6　⑦ 16万÷8万=2　⑧ 48万÷6万=8

わり算のせいしつは、けた数の多いわり算に役立つね。

2 次のわり算を、例（れい）のようにくふうして、計算しましょう。

（例） 600÷50 → （10でわる 10でわる） 60÷5 → （5でわる 5でわる） 12÷1　答え 12

よくみて ① 400÷25 → （×4） 1600÷100 → （÷100） 16÷1　答え 16

② 800÷16 → （÷8） 100÷2 → （÷2） 50÷1　答え 50

③ 7500÷2500 → （÷100） 75÷25 → （÷5） 15÷5 → （÷5） 3÷1　答え 3

④ 90000÷180 → （÷10） 9000÷18 → （÷9） 1000÷2 → （÷2） 500÷1　答え 500

⑤ 6000÷150 → （÷10） 600÷15 → （÷5） 120÷3 → （÷3） 40÷1　答え 40

ヒント ❷ ① 25を4倍すると 100 になるよ。400 も4倍して計算してみよう。

おうちのかたへ
わり算のせいしつを使った計算は、1通りではないので、自分の計算しやすい方法を考えさせましょう。

34 ページ

❶ ①61÷15 で十の位（くらい）に4をたてます。
15×4=60、61−60=1で、0をおろして 10。10 は 15 より小さいので、一の位に0をたてて、あまりが 10 となります。
⑨90÷43 で十の位に2をたてます。
43×2=86、90−86=4で、0をおろして 40。40 は 43 より小さいので、一の位に0をたてて、あまりが 40 となります。

35 ページ

❶ わられる数とわる数を、①〜③は 10、④〜⑥は 100、⑦、⑧は1万でわります。

❷ ①次のように計算してもできます。
400÷25→5でわって 80÷5→5でわって 16÷1=16

2けたでわるわり算の筆算

学習 時間 20分 /100 ごうかく 80点

答え 19ページ

1 次のわり算をしましょう。 各3点(18点)

① 40÷20=2　② 90÷30=3　③ 80÷40=2

④ 60÷20=3　⑤ 100÷20=5　⑥ 180÷60=3

2 次の計算をしましょう。 各3点(36点)

① 23)69 → 3（69、0）
② 14)70 → 5（70、0）
③ 31)80 → 2（62、18）
④ 36)108 → 3（108、0）
⑤ 53)226 → 4（212、14）
⑥ 64)512 → 8（512、0）
⑦ 78)664 → 8（624、40）
⑧ 27)81 → 3（81、0）
⑨ 38)197 → 5（190、7）
⑩ 29)146 → 5（145、1）
⑪ 23)207 → 9（207、0）
⑫ 48)452 → 9（432、20）

3 次の計算をしましょう。 各3点(36点)

① 21)525 → 25（42、105、105、0）
② 17)578 → 34（51、68、68、0）
③ 27)864 → 32（81、54、54、0）
④ 41)926 → 22（82、106、82、24）
⑤ 25)805 → 32（75、55、50、5）
⑥ 36)900 → 25（72、180、180、0）
⑦ 37)8658 → 234（74、125、111、148、148、0）
⑧ 43)9632 → 224（86、103、86、172、172、0）
⑨ 73)2044 → 28（146、584、584、0）
⑩ 56)2556 → 45（224、316、280、36）
⑪ 83)1909 → 23（166、249、249、0）
⑫ 91)2210 → 24（182、390、364、26）

4 次のわり算をくふうしてしましょう。 各2点(10点)

① 600÷200=3　② 2800÷700=4　③ 900÷50=18

できたらスゴイ！

④ 5000÷250
↓÷10↓
500 ÷ 25
↓÷5↓
100 ÷ 5
↓÷5↓
20 ÷ 1　答え　20

⑤ 7000÷250
↓÷10↓
700 ÷ 25
↓×4↓
2800÷100
↓÷100↓
28 ÷ 1　答え　28

おうちのかたへ
1けたでわるわり算と同じように、答えのたしかめをさせて、理解を深めましょう。

36ページ

1 10のいくつ分と考えて、わられる数とわる数の0を1つずつとり、かんたんなわり算にします。

2 ①60÷20と考え、6÷2から商を3と見当をつけます。
⑧80÷20と考えると、見当をつけた商は大きすぎるので、1小さくします。

37ページ

3 ⑦80÷30と考え、百の位（くらい）に2をたてます。37×2=74、86−74=12で、5をおろして125÷37の商の見当をつけます。
⑨20は73より小さいので、百の位に商はたちません。200÷70と考え、商を2と見当をつけます。

4 わられる数とわる数に同じ数をかけたり、同じ数でわったりして、なるべくかんたんなわり算にしましょう。

練習 31 (　　)のある式

答え 20ページ

例題 ★500－(270＋120)の計算をしましょう。

とき方 500－(270＋120)
＝500－390
＝110

◀(　)のある式では、(　)の中をさきに計算します。

1 次の計算をしましょう。

① 100＋(50－30)
＝100＋20＝**120**

② 80－(30＋15)
＝80－45＝**35**

③ 300－(200＋40)
＝300－240＝**60**

④ 270＋(80－60＋50)
＝270＋70＝**340**

⑤ 69－32－(48－25)
＝69－32－23＝**14**

⑥ 16÷(32－24)
＝16÷8＝**2**

⑦ 5×(28－6)
＝5×22＝**110**

⑧ (38＋34)÷6
＝72÷6＝**12**

⑨ (40＋20)×7
＝60×7＝**420**

⑩ (50＋40)÷(19－10)
＝90÷9＝**10**

⑪ (45－25)×(23－15)
＝20×8＝**160**

(　　)の中をさきに
計算しないと、答え
がちがってしまうよ。

ヒント **1** ⑤ 48－25をさきに計算するよ。48－25＝23だから、式は69－32－23となるね。あとは前から順番に計算していけばいいよ。

練習 32 式と計算の順じょ

答え 20ページ

例題 ★6×(10－8÷2)の計算をしましょう。

とき方 6×(10－8÷2)
＝6×(10－4)
＝6×6
＝36

◀かけ算より、(　)の中をさきに計算します。
◀(　)の中では、ひき算より、わり算をさきに計算します。

1 次の計算をしましょう。

① 9＋14×5
＝9＋70＝**79**

② 17－32÷4
＝17－8＝**9**

③ 65－18×3
＝65－54＝**11**

④ 7×3＋13×2
＝21＋26＝**47**

⑤ 15×(6＋30)÷6
＝15×36÷6＝540÷6＝**90**

⑥ 5×(10－4÷2)
＝5×(10－2)＝5×8＝**40**

⑦ 5×(10－4)÷2
＝5×6÷2＝30÷2＝**15**

⑧ (8×7－4)÷4
＝(56－4)÷4＝52÷4＝**13**

⑨ 8×(7－4÷4)
＝8×(7－1)＝8×6＝**48**

計算の順じょは、
①左から順に計算
②(　　)の中をさきに計算
③＋、－と×、÷では×、÷をさきに計算だよ。

ヒント **1** ⑥ (　　)の中にひき算とわり算があるから、わり算をさきに計算するよ。
5×(10－4÷2)＝5×(10－2)となるね。

38ページ

1 (　　)の中をさきに計算します。

④(　　)の中はひき算とたし算なので、前から順に計算して70、そして270＋70を計算して340になります。

39ページ

1 計算は左から順にしますが、(　　)のあるものは(　　)の中をさきに計算し、かけ算・わり算は、たし算・ひき算よりさきに計算します。

④7×3と13×2をそれぞれ計算してから、たします。

⑥(　　)の中の4÷2をさきに計算して、(10－2)とします。これが8なので、5×8を計算して40になります。

おうちのかたへ

(　　)が先、かけ算・わり算がたし算・ひき算より先、という計算の順序のきまりを、実際に問題を解くことで身につけさせましょう。

[式と計算の順じょ]

練習 33 (　　)を使った式の計算のきまり

40ページ

答え 21ページ

例題 ★(18+6)×15 と 18×15+6×15 の計算をそれぞれしましょう。

とき方 (18+6)×15
=24×15
=360
(　)の中をさきに計算します。

18×15+6×15
=270+90
=360
それぞれのかけ算をさきに計算します。

◀18 と6をさきにたして15 をかけた数と、18 と6にそれぞれ15 をかけてたした数は、同じになることがたしかめられます。

1 次の計算をしましょう。

① (12+8)×25
=20×25=500

② 12×25+8×25
=300+200=500

③ (135−35)×6
=100×6=600

④ 135×6−35×6
=810−210=600

まちがい注意

2 □に7、○に6、△に5をあてはめて計算し、=の左の式と右の式の答えが同じになることをたしかめましょう。

① (□+○)×△=□×△+○×△
(7+6)×5=13×5=65
7×5+6×5=35+30=65

② (□+○)+△=□+(○+△)
(7+6)+5=13+5=18
7+(6+5)=7+11=18

③ (□×○)×△=□×(○×△)
(7×6)×5=42×5=210
7×(6×5)=7×30=210

ヒント ❷ ① □に7、○に6、△に5をあてはめると、左の式は(7+6)×5、右の式は7×5+6×5になるね。これを計算するんだよ。

[式と計算の順じょ]

練習 34 計算のくふう

41ページ

答え 21ページ

例題 ★くふうして計算しましょう。
① 48+82+18　② 101×26

とき方
① 48+82+18=48+(82+18)
=48+100
=148

② 101×26=(100+1)×26
=100×26+1×26
=2600+26
=2626

◀数の計算では、下のような計算のきまりがあります。
・□+○=○+□
・(□+○)+△
=□+(○+△)
・(□×○)×△
=□×(○×△)
・(□+△)×○
=□×○+△×○

1 くふうして計算しましょう。とちゅうの式もかきましょう。

① 73+95+5
=73+(95+5)
=73+100=173

② 0.8+7.5+0.2
=(0.8+0.2)+7.5
=1+7.5=8.5

③ 4.3+7+5.7
=(4.3+5.7)+7
=10+7=17

よくみて
④ 20×35
=20×(5×7)
=(20×5)×7
=100×7
=700

25×16
=25×(4×4)
=(25×4)×4
=100×4=400
と考えるよ。

⑤ 36×25
=(9×4)×25
=9×(4×25)
=9×100=900

⑥ 103×12
=(100+3)×12
=100×12+3×12
=1200+36=1236

⑦ 102×27
=(100+2)×27
=100×27+2×27
=2700+54=2754

⑧ 99×4
=(100−1)×4
=100×4−1×4
=400−4=396

⑨ 98×32
=(100−2)×32
=100×32−2×32
=3200−64=3136

ヒント ❶ ② 0.8+7.5+0.2=0.8+0.2+7.5として計算を進めよう。
たし算のきまりには、□+○=○+□というものもあるね。

40ページ

❶ ①と②は、(□+○)×△=□×△+○×△の関係になっているので、答えが同じになります。
③と④は、(□−○)×△=□×△−○×△の関係になっているので、答えが同じになります。

❷ 左の式と右の式の答えが同じになることがわかります。

41ページ

❶ 計算がかんたんになるように、くふうします。たしたりかけたりして10や100をつくれると、計算がかんたんになります。
①95+5は100だから、さきに計算するとかんたんになります。
④20に5をかけると100になるので、35を5×7と考えます。

おうちのかたへ
どのきまりを使えば計算が簡単になるか、式をよく見て考えさせましょう。

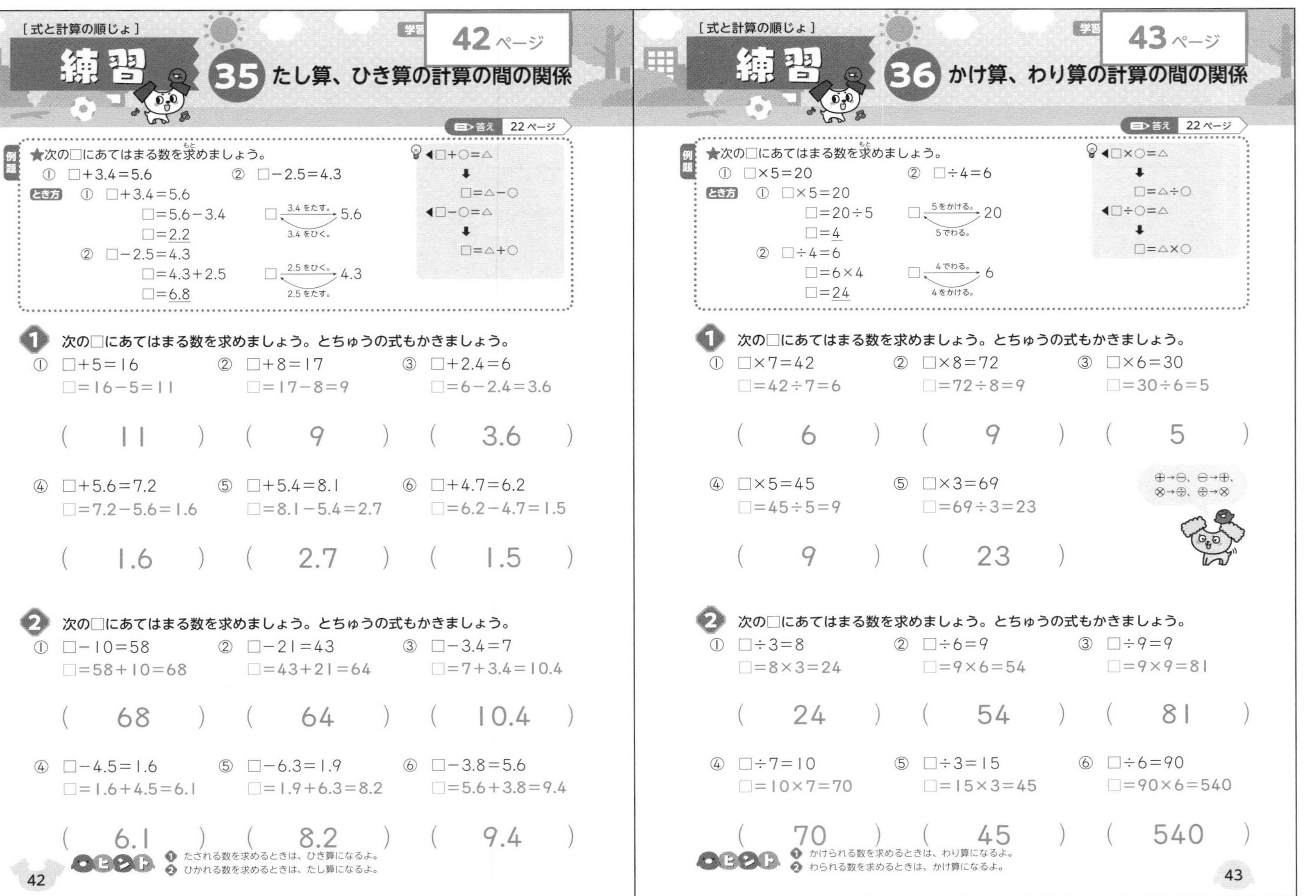

［式と計算の順じょ］

練習 35 たし算、ひき算の計算の間の関係

学習日　42ページ

答え 22ページ

例題 ★次の□にあてはまる数を求めましょう。

① □+3.4=5.6　② □−2.5=4.3

とき方 ① □+3.4=5.6
□=5.6−3.4
□=2.2
（□ 3.4をたす。→ 5.6 ／ 3.4をひく。）

② □−2.5=4.3
□=4.3+2.5
□=6.8
（□ 2.5をひく。→ 4.3 ／ 2.5をたす。）

◀□+○=△ ↓ □=△−○
◀□−○=△ ↓ □=△+○

1 次の□にあてはまる数を求めましょう。とちゅうの式もかきましょう。

① □+5=16　□=16−5=11　（11）
② □+8=17　□=17−8=9　（9）
③ □+2.4=6　□=6−2.4=3.6　（3.6）
④ □+5.6=7.2　□=7.2−5.6=1.6　（1.6）
⑤ □+5.4=8.1　□=8.1−5.4=2.7　（2.7）
⑥ □+4.7=6.2　□=6.2−4.7=1.5　（1.5）

2 次の□にあてはまる数を求めましょう。とちゅうの式もかきましょう。

① □−10=58　□=58+10=68　（68）
② □−21=43　□=43+21=64　（64）
③ □−3.4=7　□=7+3.4=10.4　（10.4）
④ □−4.5=1.6　□=1.6+4.5=6.1　（6.1）
⑤ □−6.3=1.9　□=1.9+6.3=8.2　（8.2）
⑥ □−3.8=5.6　□=5.6+3.8=9.4　（9.4）

ヒント
❶ たされる数を求めるときは、ひき算になるよ。
❷ ひかれる数を求めるときは、たし算になるよ。

42

［式と計算の順じょ］

練習 36 かけ算、わり算の計算の間の関係

学習日　43ページ

答え 22ページ

例題 ★次の□にあてはまる数を求めましょう。

① □×5=20　② □÷4=6

とき方 ① □×5=20
□=20÷5
□=4
（□ 5をかける。→ 20 ／ 5でわる。）

② □÷4=6
□=6×4
□=24
（□ 4でわる。→ 6 ／ 4をかける。）

◀□×○=△ ↓ □=△÷○
◀□÷○=△ ↓ □=△×○

1 次の□にあてはまる数を求めましょう。とちゅうの式もかきましょう。

① □×7=42　□=42÷7=6　（6）
② □×8=72　□=72÷8=9　（9）
③ □×6=30　□=30÷6=5　（5）
④ □×5=45　□=45÷5=9　（9）
⑤ □×3=69　□=69÷3=23　（23）

2 次の□にあてはまる数を求めましょう。とちゅうの式もかきましょう。

① □÷3=8　□=8×3=24　（24）
② □÷6=9　□=9×6=54　（54）
③ □÷9=9　□=9×9=81　（81）
④ □÷7=10　□=10×7=70　（70）
⑤ □÷3=15　□=15×3=45　（45）
⑥ □÷6=90　□=90×6=540　（540）

ヒント
❶ かけられる数を求めるときは、わり算になるよ。
❷ わられる数を求めるときは、かけ算になるよ。

43

42ページ

1 ①5をたして16になったので、16から5をひいて求められます。求めた答えを□に入れて計算すれば、たしかめをすることができます。

③小数点の位置に気をつけて計算しましょう。

2 ①10をひいて58になったので、58に10をたして求められます。

③小数点の位置に気をつけて計算しましょう。

43ページ

1 ①7倍して42になったので、42を7でわって求められます。

2 ①3でわって8になったので、8を3倍して求められます。

おうちのかたへ

「たし算とひき算」、「かけ算とわり算」の関係を身につけさせましょう。

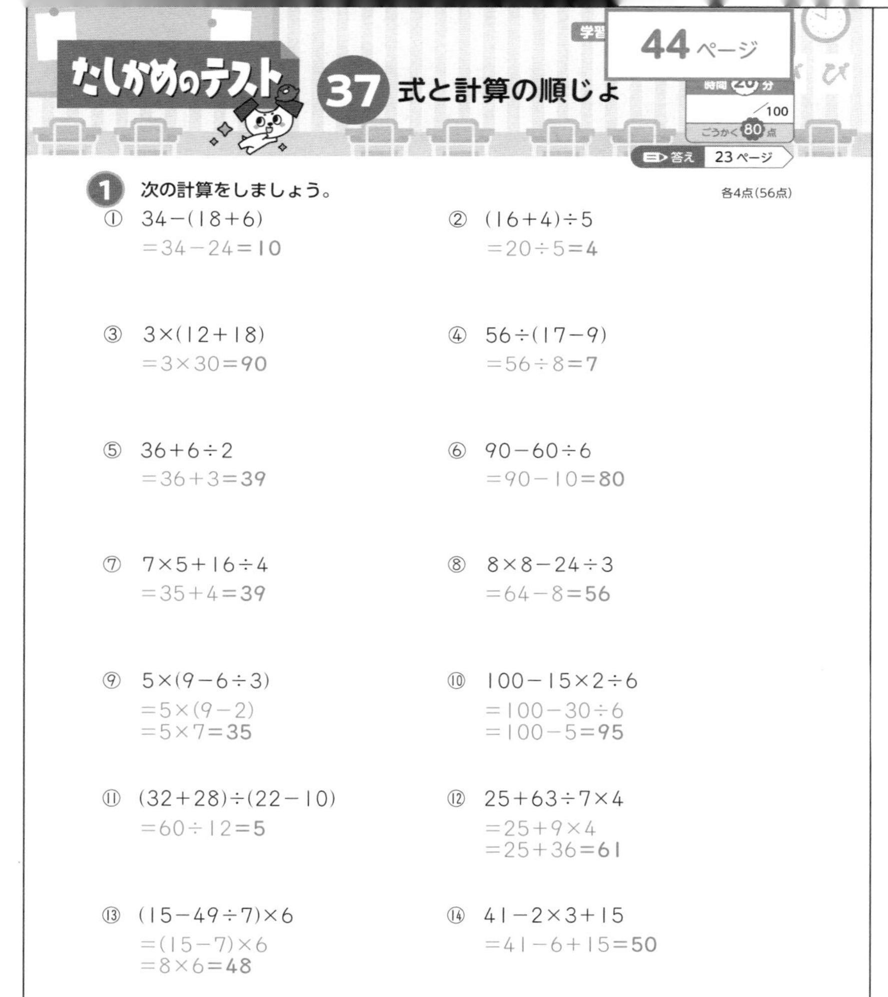

たしかめのテスト 37 式と計算の順じょ

44ページ

時間20分　/100　ごうかく80点

答え 23ページ

1 次の計算をしましょう。 各4点(56点)

① 34−(18+6)
=34−24=10

② (16+4)÷5
=20÷5=4

③ 3×(12+18)
=3×30=90

④ 56÷(17−9)
=56÷8=7

⑤ 36+6÷2
=36+3=39

⑥ 90−60÷6
=90−10=80

⑦ 7×5+16÷4
=35+4=39

⑧ 8×8−24÷3
=64−8=56

⑨ 5×(9−6÷3)
=5×(9−2)
=5×7=35

⑩ 100−15×2÷6
=100−30÷6
=100−5=95

⑪ (32+28)÷(22−10)
=60÷12=5

⑫ 25+63÷7×4
=25+9×4
=25+36=61

⑬ (15−49÷7)×6
=(15−7)×6
=8×6=48

⑭ 41−2×3+15
=41−6+15=50

44

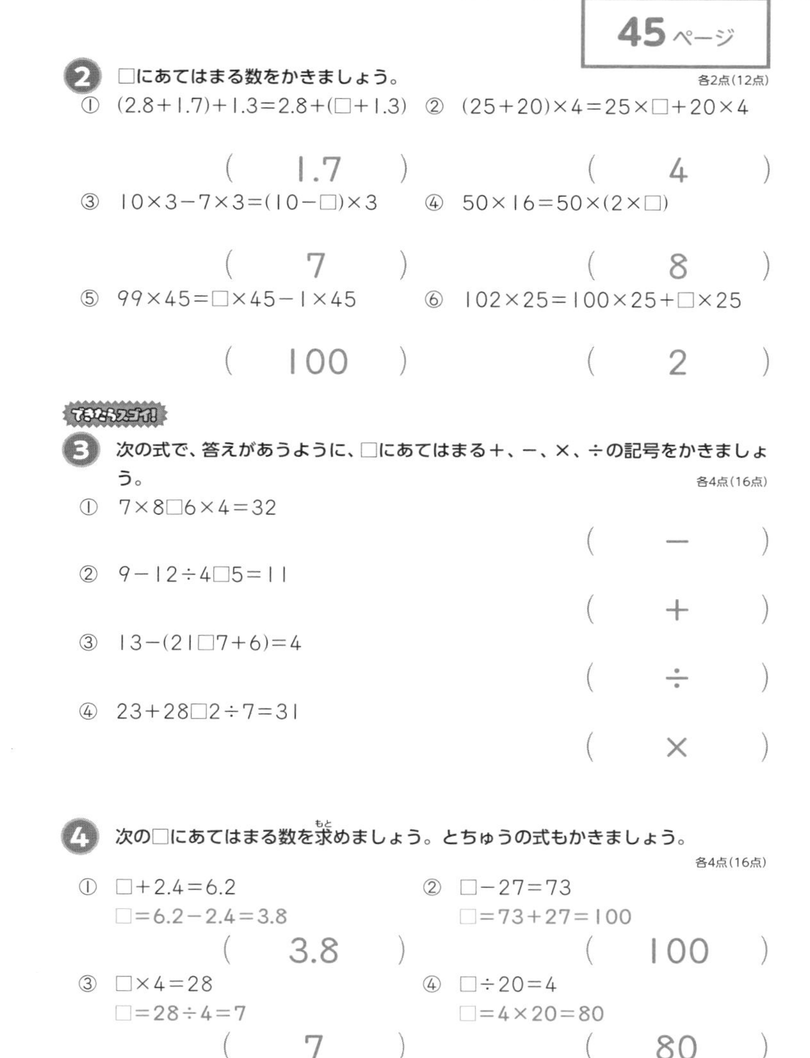

45ページ

2 □にあてはまる数をかきましょう。 各2点(12点)

① (2.8+1.7)+1.3=2.8+(□+1.3)　(1.7)

② (25+20)×4=25×□+20×4　(4)

③ 10×3−7×3=(10−□)×3　(7)

④ 50×16=50×(2×□)　(8)

⑤ 99×45=□×45−1×45　(100)

⑥ 102×25=100×25+□×25　(2)

できたらスゴイ!

3 次の式で、答えがあうように、□にあてはまる+、−、×、÷の記号をかきましょう。 各4点(16点)

① 7×8□6×4=32　(−)

② 9−12÷4□5=11　(+)

③ 13−(21□7+6)=4　(÷)

④ 23+28□2÷7=31　(×)

4 次の□にあてはまる数を求めましょう。とちゅうの式もかきましょう。 各4点(16点)

① □+2.4=6.2
□=6.2−2.4=3.8　(3.8)

② □−27=73
□=73+27=100　(100)

③ □×4=28
□=28÷4=7　(7)

④ □÷20=4
□=4×20=80　(80)

45

44ページ

1 (　)→×、÷→+、−の順に計算しましょう。

⑩15×2÷6をさきに計算します。15×2で30、30÷6で5になります。これを100からひきます。

⑭2×3をさきに計算してで6なので、41−6+15になります。あとは左から順に計算します。

45ページ

2 ①(□+○)+△
=□+(○+△)

②(□+○)×△
=□×△+○×△

③□×△−○×△
=(□−○)×△

⑥102を100+2と考えます。

3 +、−を入れるか×、÷を入れるかで計算の順じょが変わってくるので、気をつけましょう。

おうちのかたへ
計算のくふうをするためには、まず計算のきまりをしっかりと理解させましょう。

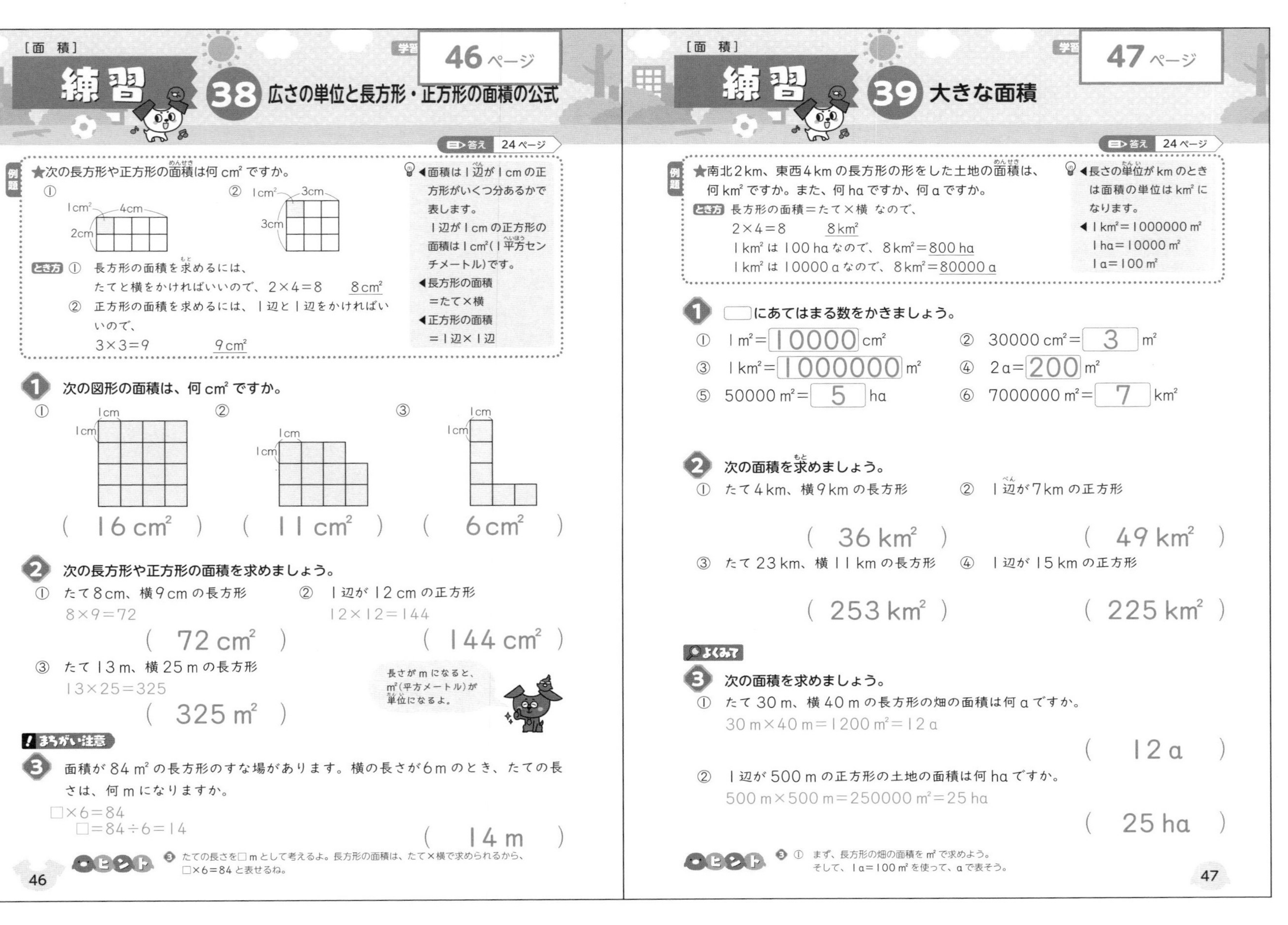

[面 積]

練習 38 広さの単位と長方形・正方形の面積の公式

学習 46ページ

答え 24ページ

例題 ★次の長方形や正方形の面積は何 cm² ですか。

① 1cm²　4cm　2cm　② 1cm²　3cm　3cm

とき方 ① 長方形の面積を求めるには、たてと横をかければいいので、2×4＝8　8cm²

② 正方形の面積を求めるには、1辺と1辺をかければいいので、3×3＝9　9cm²

◀面積は1辺が1cmの正方形がいくつ分あるかで表します。1辺が1cmの正方形の面積は1cm²(1平方センチメートル)です。
◀長方形の面積＝たて×横
◀正方形の面積＝1辺×1辺

1 次の図形の面積は、何 cm² ですか。

① 1cm 1cm　(16cm²)　② 1cm 1cm　(11cm²)　③ 1cm 1cm　(6cm²)

2 次の長方形や正方形の面積を求めましょう。

① たて8cm、横9cmの長方形　8×9＝72　(72cm²)

② 1辺が12cmの正方形　12×12＝144　(144cm²)

③ たて13m、横25mの長方形　13×25＝325　(325m²)

長さがmになると、m²(平方メートル)が単位になるよ。

まちがい注意

3 面積が84m²の長方形のすな場があります。横の長さが6mのとき、たての長さは、何mになりますか。

□×6＝84
□＝84÷6＝14　(14m)

ヒント **3** たての長さを□mとして考えるよ。長方形の面積は、たて×横で求められるから、□×6＝84と表せるね。

46

[面 積]

練習 39 大きな面積

学習 47ページ

答え 24ページ

例題 ★南北2km、東西4kmの長方形の形をした土地の面積は、何 km² ですか。また、何 ha ですか、何 a ですか。

とき方 長方形の面積＝たて×横 なので、
2×4＝8　8km²
1km² は 100ha なので、8km²＝800ha
1km² は 10000a なので、8km²＝80000a

◀長さの単位がkmのときは面積の単位はkm²になります。
◀1km²＝1000000m²
1ha＝10000m²
1a＝100m²

1 □にあてはまる数をかきましょう。

① 1m²＝[10000]cm²　② 30000cm²＝[3]m²

③ 1km²＝[1000000]m²　④ 2a＝[200]m²

⑤ 50000m²＝[5]ha　⑥ 7000000m²＝[7]km²

2 次の面積を求めましょう。

① たて4km、横9kmの長方形　(36km²)

② 1辺が7kmの正方形　(49km²)

③ たて23km、横11kmの長方形　(253km²)

④ 1辺が15kmの正方形　(225km²)

よくみて

3 次の面積を求めましょう。

① たて30m、横40mの長方形の畑の面積は何aですか。
30m×40m＝1200m²＝12a　(12a)

② 1辺が500mの正方形の土地の面積は何haですか。
500m×500m＝250000m²＝25ha　(25ha)

ヒント **3** ① まず、長方形の畑の面積をm²で求めよう。そして、1a＝100m²を使って、aで表そう。

47

46ページ

1 1cm² の正方形がいくつあるか数えます。

2 長方形の面積はたて×横、正方形の面積は1辺×1辺です。
①、②の単位は cm²、③の単位は m² になります。

3 長方形の面積の公式、たて×横にあてはめると、□×6＝84になります。

47ページ

1 ① 1m＝100cm、
1m²＝1m×1m
＝100cm×100cm
＝10000cm²
③ 1km＝1000m、
1km²＝1km×1km
＝1000m×1000m
＝1000000m²

2 単位はすべて km² になります。

3 ① 1a＝10m×10m
＝100m²
② 1ha
＝100m×100m
＝10000m²

おうちのかたへ
面積の単位の換算をするときは、□×□の形にして考えさせるようにしましょう。

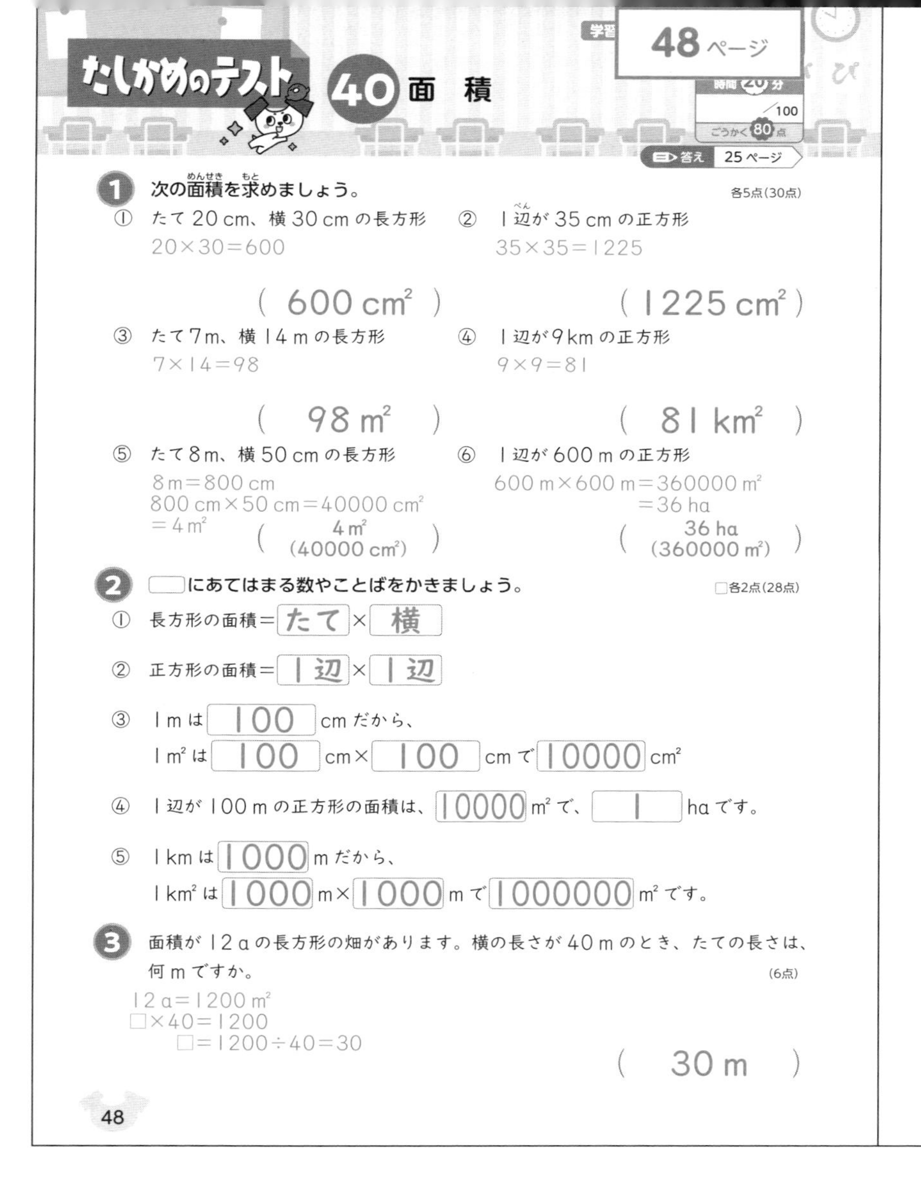

たしかめのテスト 40 面積

48ページ　時間20分　/100　ごうかく80点　答え 25ページ

1 次の面積を求めましょう。　各5点(30点)

① たて20cm、横30cmの長方形
20×30=600
(600 cm^2)

② 1辺が35cmの正方形
35×35=1225
(1225 cm^2)

③ たて7m、横14mの長方形
7×14=98
(98 m^2)

④ 1辺が9kmの正方形
9×9=81
(81 km^2)

⑤ たて8m、横50cmの長方形
8m=800cm
800cm×50cm=40000 cm^2
=4 m^2
(4 m^2 (40000 cm^2))

⑥ 1辺が600mの正方形
600m×600m=360000 m^2
=36ha
(36ha (360000 m^2))

2 □にあてはまる数やことばをかきましょう。　□各2点(28点)

① 長方形の面積=［たて］×［横］

② 正方形の面積=［1辺］×［1辺］

③ 1mは［100］cmだから、
1 m^2 は［100］cm×［100］cmで［10000］cm^2

④ 1辺が100mの正方形の面積は、［10000］m^2 で、［1］haです。

⑤ 1kmは［1000］mだから、
1 km^2 は［1000］m×［1000］mで［1000000］m^2 です。

3 面積が12aの長方形の畑があります。横の長さが40mのとき、たての長さは、何mですか。　(6点)

12a=1200 m^2
□×40=1200
□=1200÷40=30
(30 m)

48

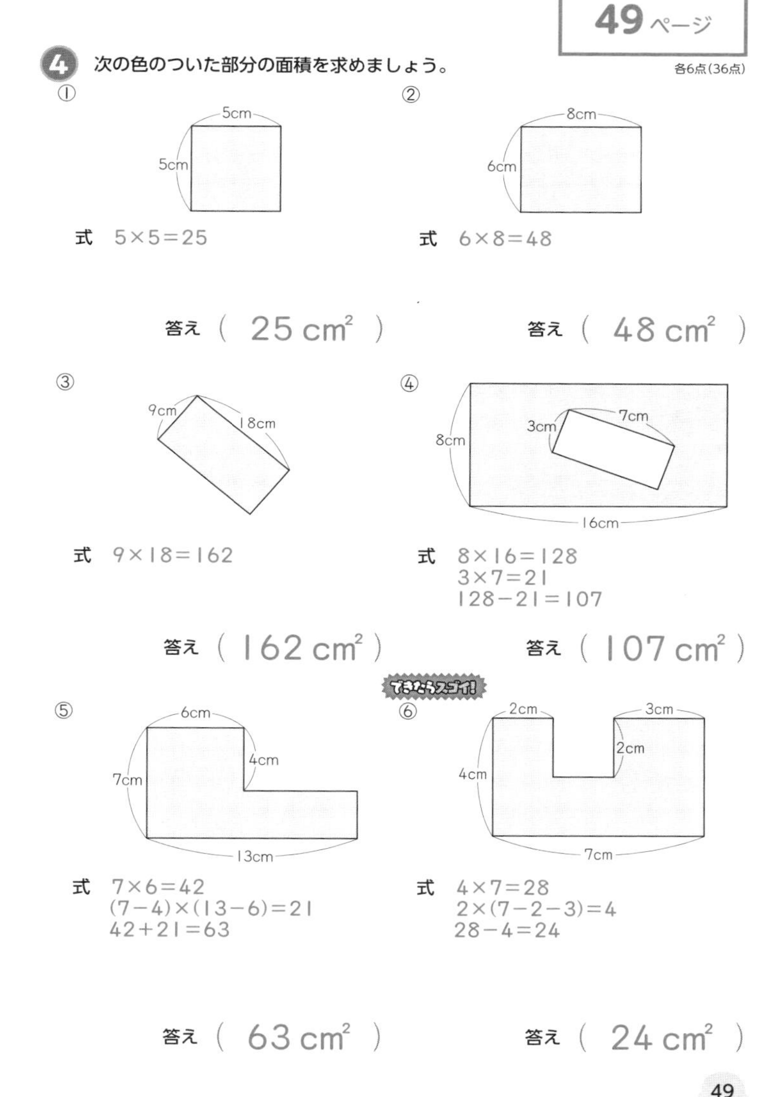

49ページ

4 次の色のついた部分の面積を求めましょう。　各6点(36点)

① 式 5×5=25
答え (25 cm^2)

② 式 6×8=48
答え (48 cm^2)

③ 式 9×18=162
答え (162 cm^2)

④ 式 8×16=128
3×7=21
128−21=107
答え (107 cm^2)

できたらスゴイ!

⑤ 式 7×6=42
(7−4)×(13−6)=21
42+21=63
答え (63 cm^2)

⑥ 式 4×7=28
2×(7−2−3)=4
28−4=24
答え (24 cm^2)

49

48ページ

1 ⑤たてと横の単位をそろえましょう。

3 単位をそろえて考えます。1a=100 m^2 なので、12a=1200 m^2 です。

49ページ

4 ④大きい長方形から、中の小さい長方形の面積をひきます。
⑤たて7cm、横13cmの長方形から、たて4cm、横13cm−6cm=7cmの長方形の面積をひいても求められます。7×13=91、4×7=28だから、91 cm^2 −28 cm^2 =63 cm^2
⑥大きい長方形から、へこんだ部分の正方形の面積をひきます。

おうちのかたへ
長方形や正方形を組み合わせた形の面積を求める問題は、計算が簡単になるように図形を分解できるようにしましょう。

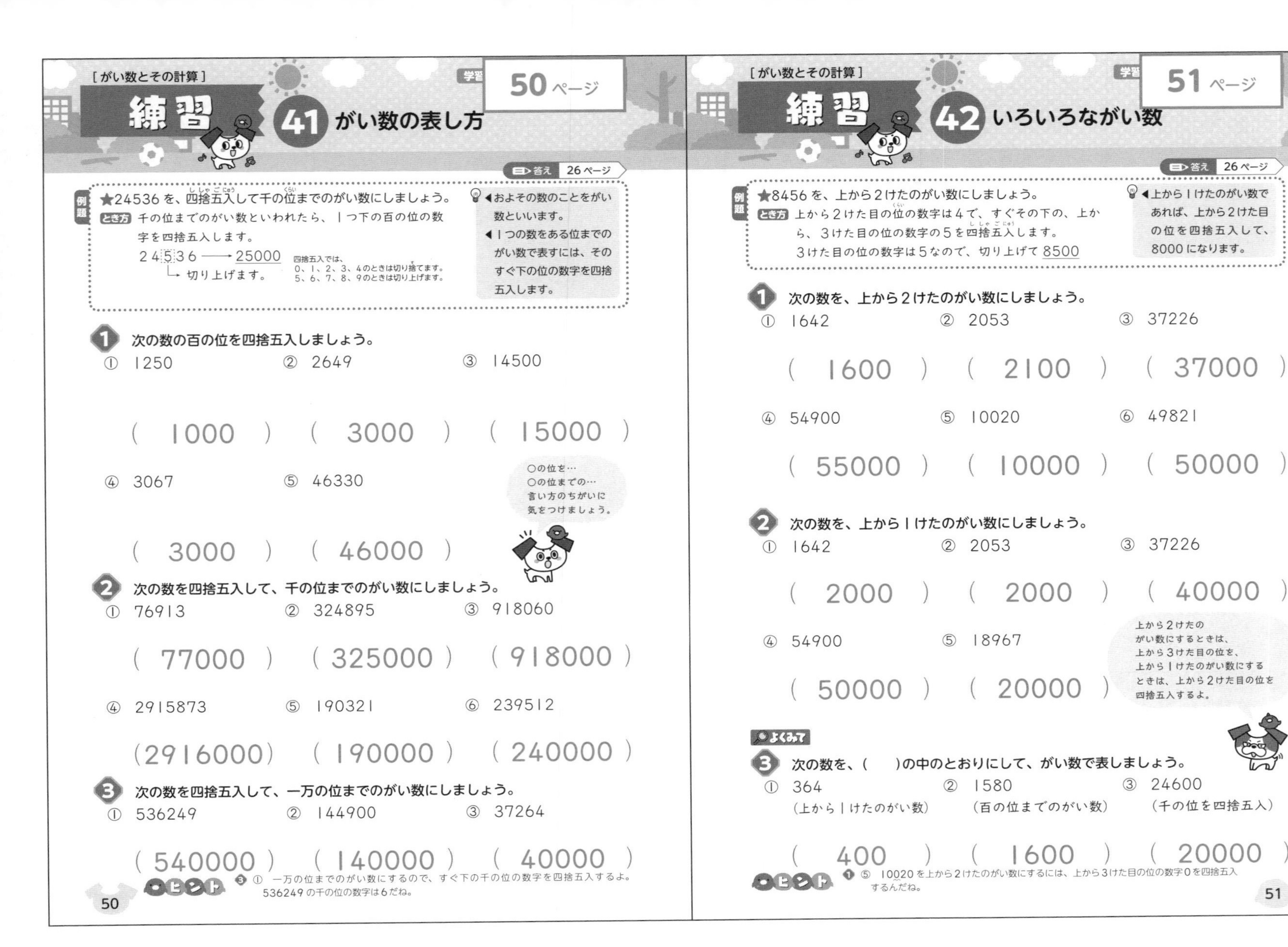

［がい数とその計算］

練習 41 がい数の表し方

50ページ

答え 26ページ

例題 ★24536を、四捨五入して千の位までのがい数にしましょう。

とき方 千の位までのがい数といわれたら、１つ下の百の位の数字を四捨五入します。

24536 ──→ 25000
└→ 切り上げます。

四捨五入では、0、1、2、3、4のときは切り捨てます。5、6、7、8、9のときは切り上げます。

◀およその数のことをがい数といいます。
◀１つの数をある位までのがい数で表すには、そのすぐ下の位の数字を四捨五入します。

1 次の数の百の位を四捨五入しましょう。

① 1250 （ 1000 ）　② 2649 （ 3000 ）　③ 14500 （ 15000 ）
④ 3067 （ 3000 ）　⑤ 46330 （ 46000 ）

2 次の数を四捨五入して、千の位までのがい数にしましょう。

① 76913 （ 77000 ）　② 324895 （ 325000 ）　③ 918060 （ 918000 ）
④ 2915873 （2916000）　⑤ 190321 （ 190000 ）　⑥ 239512 （ 240000 ）

3 次の数を四捨五入して、一万の位までのがい数にしましょう。

① 536249 （ 540000 ）　② 144900 （ 140000 ）　③ 37264 （ 40000 ）

ヒント ３① 一万の位までのがい数にするので、すぐ下の千の位の数字を四捨五入するよ。536249の千の位の数字は6だね。

50

［がい数とその計算］

練習 42 いろいろながい数

51ページ

答え 26ページ

例題 ★8456を、上から２けたのがい数にしましょう。

とき方 上から２けた目の位の数字は４で、すぐその下の、上から、３けた目の位の数字の５を四捨五入します。
３けた目の位の数字は５なので、切り上げて 8500

◀上から１けたのがい数であれば、上から２けた目の位を四捨五入して、8000になります。

1 次の数を、上から２けたのがい数にしましょう。

① 1642 （ 1600 ）　② 2053 （ 2100 ）　③ 37226 （ 37000 ）
④ 54900 （ 55000 ）　⑤ 10020 （ 10000 ）　⑥ 49821 （ 50000 ）

2 次の数を、上から１けたのがい数にしましょう。

① 1642 （ 2000 ）　② 2053 （ 2000 ）　③ 37226 （ 40000 ）
④ 54900 （ 50000 ）　⑤ 18967 （ 20000 ）

よくみて

3 次の数を、（　）の中のとおりにして、がい数で表しましょう。

① 364（上から１けたのがい数） （ 400 ）
② 1580（百の位までのがい数） （ 1600 ）
③ 24600（千の位を四捨五入） （ 20000 ）

ヒント １⑤ 10020を上から２けたのがい数にするには、上から３けた目の位の数字０を四捨五入するんだね。

51

50 ページ

1 百の位の数字が０～４のときは切り捨て、５～９のときは切り上げます。

2 千の位までのがい数といわれたら、そのすぐ下の百の位の数字を四捨五入します。
⑥百の位が５なので切り上げますが、千の位が９なのでくり上がって、一万の位が４になります。

3 一万の位までのがい数にするので、千の位の数字を四捨五入します。

51 ページ

1 上から２けたのがい数といわれたら、上から３けた目の位の数字を四捨五入します。

2 上から２けた目の位の数字を四捨五入します。

3 ①上から２けた目が６なので切り上げて400です。
②十の位が８なので切り上げて1600です。

おうちのかたへ

「○の位まで」「上から□けたの」など、言い方の違いに注意させましょう。

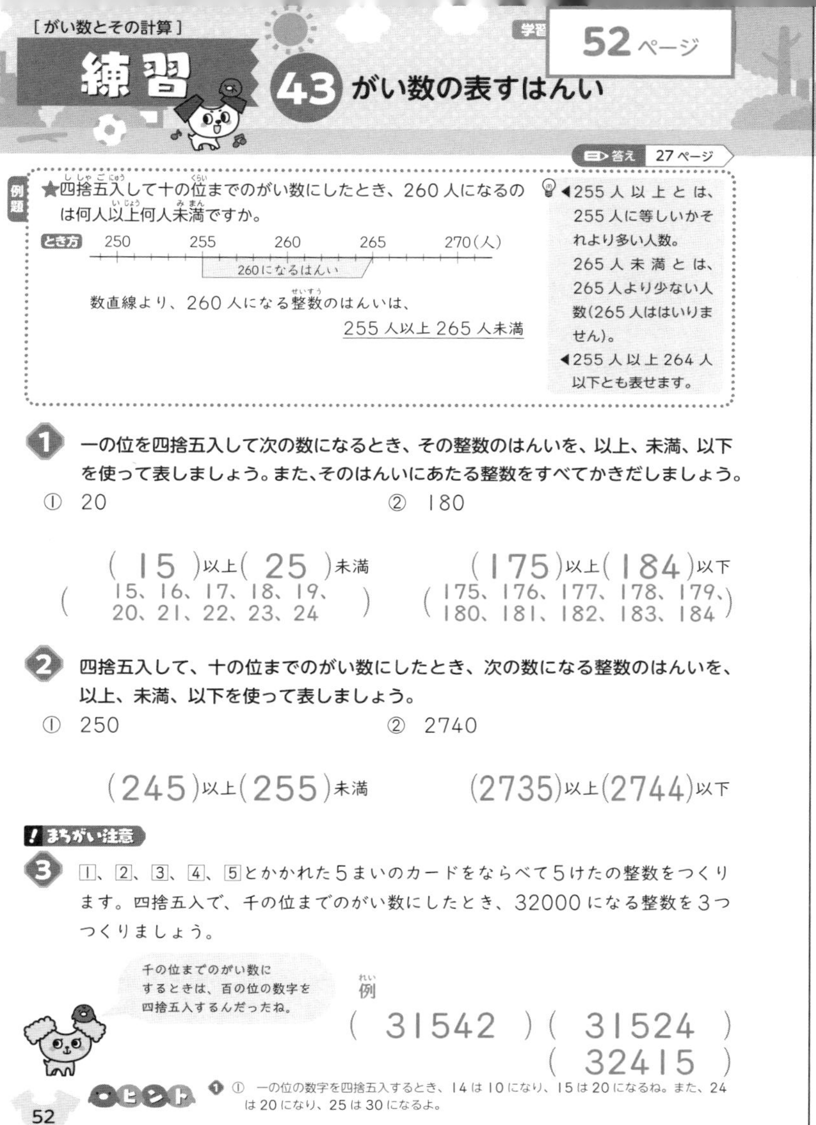
［がい数とその計算］

練習 43 がい数の表すはんい

52ページ

答え 27ページ

例題 ★四捨五入して十の位までのがい数にしたとき、260人になるのは何人以上何人未満ですか。

とき方 250　255　260　265　270（人）

260になるはんい

数直線より、260人になる整数のはんいは、

255人以上265人未満

◀255人以上とは、255人に等しいかそれより多い人数。265人未満とは、265人より少ない人数(265人はいりません)。

◀255人以上264人以下とも表せます。

1 一の位を四捨五入して次の数になるとき、その整数のはんいを、以上、未満、以下を使って表しましょう。また、そのはんいにあたる整数をすべてかきだしましょう。

① 20　（15）以上（25）未満　（15、16、17、18、19、20、21、22、23、24）

② 180　（175）以上（184）以下　（175、176、177、178、179、180、181、182、183、184）

2 四捨五入して、十の位までのがい数にしたとき、次の数になる整数のはんいを、以上、未満、以下を使って表しましょう。

① 250　（245）以上（255）未満

② 2740　（2735）以上（2744）以下

！まちがい注意

3 1、2、3、4、5とかかれた5まいのカードをならべて5けたの整数をつくります。四捨五入で、千の位までのがい数にしたとき、32000になる整数を3つつくりましょう。

千の位までのがい数にするときは、百の位の数字を四捨五入するんだったね。

例　（31542）（31524）（32415）

ヒント **1** ① 一の位の数字を四捨五入するとき、14は10になり、15は20になるね。また、24は20になり、25は30になるよ。

52

［がい数とその計算］

練習 44 和や差の見積もり

53ページ

答え 27ページ

例題 ★26352と91633の和と差を、一万の位までのがい数で求めましょう。

とき方 それぞれの数を、一万の位までのがい数にしてから、和や差を求めます。
26352を一万の位までのがい数にすると、30000
91633を一万の位までのがい数にすると、90000
だから、和は120000、差は60000です。

◀たし算の答えを和、ひき算の答えを差といいます。
◀求めようと思う位までのがい数にしてから計算します。

1 □にあてはまる数をかいて、37174と24792の和と差を、一万の位までのがい数で求めましょう。

37174を一万の位までのがい数にすると、40000
24792を一万の位までのがい数にすると、20000
だから、和は60000、差は20000です。

がい数についての計算をがい算というよ。

2 次の和や差を、百の位までのがい数で求めましょう。

① 538＋851　500＋900＝1400　（1400）

② 3483＋5038　3500＋5000＝8500　（8500）

③ 7694－3875　7700－3900＝3800　（3800）

④ 1475－1093　1500－1100＝400　（400）

3 次の和や差を、千の位までのがい数で求めましょう。

① 96734＋67226　97000＋67000＝164000　（164000）

② 59711－20881　60000－21000＝39000　（39000）

③ 37650＋90248　38000＋90000＝128000　（128000）

④ 87452－18246　87000－18000＝69000　（69000）

ヒント **3** ① 千の位までのがい数で求めるので、96734を97000、67226を67000と千の位までのがい数にして計算するよ。

53

52ページ

1 ①25未満では、25ははいりません。
②175以上184以下では、175も184もふくまれます。

2 ①十の位までのがい数なので、一の位を四捨五入して250になる数です。

3 百の位を四捨五入するので、31□□□で百の位が5以上か、32□□□で百の位が4以下である整数です。
32145や32451なども正解です。

53ページ

1 千の位を四捨五入してからたし算やひき算をします。

2 十の位を四捨五入してからたし算やひき算をします。

3 百の位を四捨五入してからたし算やひき算をします。

おうちのかたへ
がい数のもとの数の範囲を表すとき、けたが大きいと間違えやすいので必ずたしかめをさせましょう。

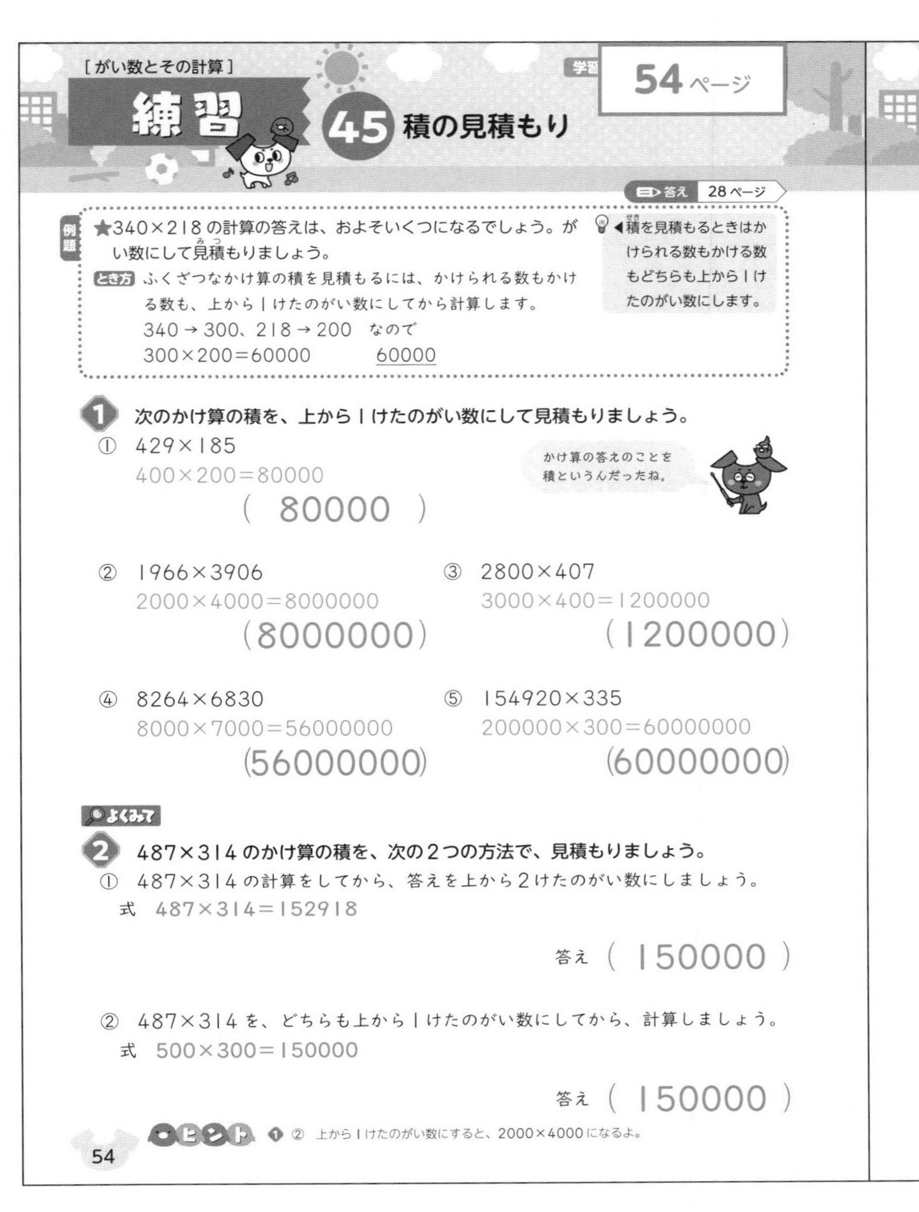

[がい数とその計算]

練習 45 積の見積もり

54ページ

答え 28ページ

例題 ★340×218 の計算の答えは、およそいくつになるでしょう。がい数にして見積もりましょう。

とき方 ふくざつなかけ算の積を見積もるには、かけられる数もかける数も、上から1けたのがい数にしてから計算します。

340 → 300、218 → 200　なので

300×200＝60000　　60000

◀積を見積もるときはかけられる数もかける数もどちらも上から1けたのがい数にします。

1 次のかけ算の積を、上から1けたのがい数にして見積もりましょう。

① 429×185
400×200＝80000
（ 80000 ）

かけ算の答えのことを積というんだったね。

② 1966×3906
2000×4000＝8000000
（8000000）

③ 2800×407
3000×400＝1200000
（1200000）

④ 8264×6830
8000×7000＝56000000
（56000000）

⑤ 154920×335
200000×300＝60000000
（60000000）

よくみて

2 487×314 のかけ算の積を、次の2つの方法で、見積もりましょう。

① 487×314 の計算をしてから、答えを上から2けたのがい数にしましょう。
式 487×314＝152918
答え（ 150000 ）

② 487×314 を、どちらも上から1けたのがい数にしてから、計算しましょう。
式 500×300＝150000
答え（ 150000 ）

ヒント ❶ ② 上から1けたのがい数にすると、2000×4000 になるよ。

54

[がい数とその計算]

練習 46 商の見積もり

55ページ

答え 28ページ

例題 ★237620÷405 の答えは、およそいくつになるでしょう。がい数にして、見積もりましょう。

とき方 ふくざつなわり算の商を見積もるには、ふつう、わられる数を上から2けた、わる数を上から1けたのがい数にしてから計算し、商は上から1けただけ求めます。

237620 ⟶ 240000、405 ⟶ 400
（上から2けた）（上から1けた）

240000÷400＝600　　600

◀商の見積もり
わられる数→上から2けた
わる数→上から1けた
商→上から1けた
にして計算します。

1 次のわり算の商を、わられる数を上から2けた、わる数を上から1けたのがい数にして計算し、商は上から1けただけ求めて見積もりましょう。

① 423÷57
420÷60＝7
（ 7 ）

② 28420÷720
28000÷700＝40
（ 40 ）

③ 184300÷291
180000÷300＝600
（ 600 ）

④ 319620÷419
320000÷400＝800
（ 800 ）

⑤ 244673÷7730
240000÷8000＝30
（ 30 ）

⑥ 221560÷19000
220000÷20000＝11
（ 10 ）

よくみて

2 2499÷51 のわり算の商を、次の2つの方法で、見積もりましょう。

① 2499÷51 の計算をしてから、答えを上から1けたのがい数にしましょう。
式 2499÷51＝49
答え（ 50 ）

② 2499 を上から2けたのがい数に、51 を上から1けたのがい数にしてから、計算し、答えを上から1けたのがい数にしましょう。
式 2500÷50＝50
答え（ 50 ）

ヒント ❶ ⑥ がい数にすると、220000÷20000 になるね。商は上から1けたの数にするから気をつけよう。

55

54ページ

❶ 上から2けた目をそれぞれ四捨五入してからかけ算します。
①それぞれをがい数にして、400×200 になります。

❷ どちらの見積もりも、同じ答えになります。

55ページ

❶ ①それぞれをがい数にして、420÷60 になります。
⑥それぞれをがい数にして、220000÷20000 になり、計算すると 11 になります。上から1けただけ求めて見積もるので、10 になります。

❷ どちらの見積もりも、同じ答えになります。

おうちのかたへ
がい数にして計算した結果をそのまま答えとする場合と、結果を四捨五入して答える場合とあるので、問題をよく読んで考えさせましょう。

56ページ

たしかめのテスト 47 がい数とその計算

時間20分 /100 ごうかく80点

答え 29ページ

1 次の数を、千の位で四捨五入しましょう。 各2点(6点)

① 39532 ② 14218 ③ 236007

(40000) (10000) (240000)

2 次の数を四捨五入して、千の位までのがい数にしましょう。 各2点(6点)

① 7396 ② 10537 ③ 34614

(7000) (11000) (35000)

3 次の数を四捨五入して、一万の位までのがい数にしましょう。 各2点(12点)

① 34614 ② 82293 ③ 526400

(30000) (80000) (530000)

④ 897216 ⑤ 5153909 ⑥ 4998374

(900000) (5150000) (5000000)

4 次の数を四捨五入して、上から2けたのがい数にしましょう。 各2点(6点)

① 3641 ② 42650 ③ 29900

(3600) (43000) (30000)

5 次の数を四捨五入して、上から1けたのがい数にしましょう。 各2点(6点)

① 6738 ② 5092 ③ 74999

(7000) (5000) (70000)

57ページ

6 四捨五入して、十の位までのがい数にしたとき、次の数になる整数のはんいを、以上、未満、以下を使って表しましょう。 各6点(24点)

① 420 ② 6780

(415)以上(425)未満 (6775)以上(6784)以下

③ 5020 まちがい注意 ④ 2200

(5015)以上(5025)未満 (2195)以上(2204)以下

できたらスゴイ!

7 四捨五入して、一万の位までのがい数で表したとき、60000になる整数があります。この数のうち、いちばん大きい数といちばん小さい数はいくつですか。 各4点(8点)

いちばん大きい数 (64999)

いちばん小さい数 (55000)

8 次の和や差を、一万の位までのがい数で求めましょう。 各4点(16点)

① 75260+13991
80000+10000=90000
(90000)

② 224771+136920
20000+140000=160000
(160000)

③ 87920−56324
90000−60000=30000
(30000)

④ 214053−69990
210000−70000=140000
(140000)

9 次のかけ算の積を、上から1けたのがい数にして見積もりましょう。また、わり算の商を、わられる数を上から2けた、わる数を上から1けたのがい数にして計算し、上から1けたのがい数にして見積もりましょう。 各4点(16点)

① 2400×1906
2000×2000=4000000
(4000000)

② 28730×418
30000×400=12000000
(12000000)

③ 840630÷407
840000÷400=2100
(2000)

④ 903927÷2760
900000÷3000=300
(300)

おうちのかたへ
何の位で四捨五入すればよいか、問題をよく読んで考えさせましょう。

56ページ

1 ④千の位が9なので、切り上げます。

2 百の位を四捨五入します。

3 千の位を四捨五入します。
④千の位が7なので、切り上げますが、一万の位が9なのでくり上がって、十万の位が9になります。

4 上から3けた目を四捨五入します。

5 上から2けた目を四捨五入します。

57ページ

6 「未満」「以下」のちがいに気をつけましょう。
④一の位を四捨五入で切り上げて、十の位が0になるのは、十の位が9のときです。

7 いちばん大きい数は、64000とはなりません。999もわすれないようにしましょう。

8 千の位を四捨五入してからたし算やひき算をします。

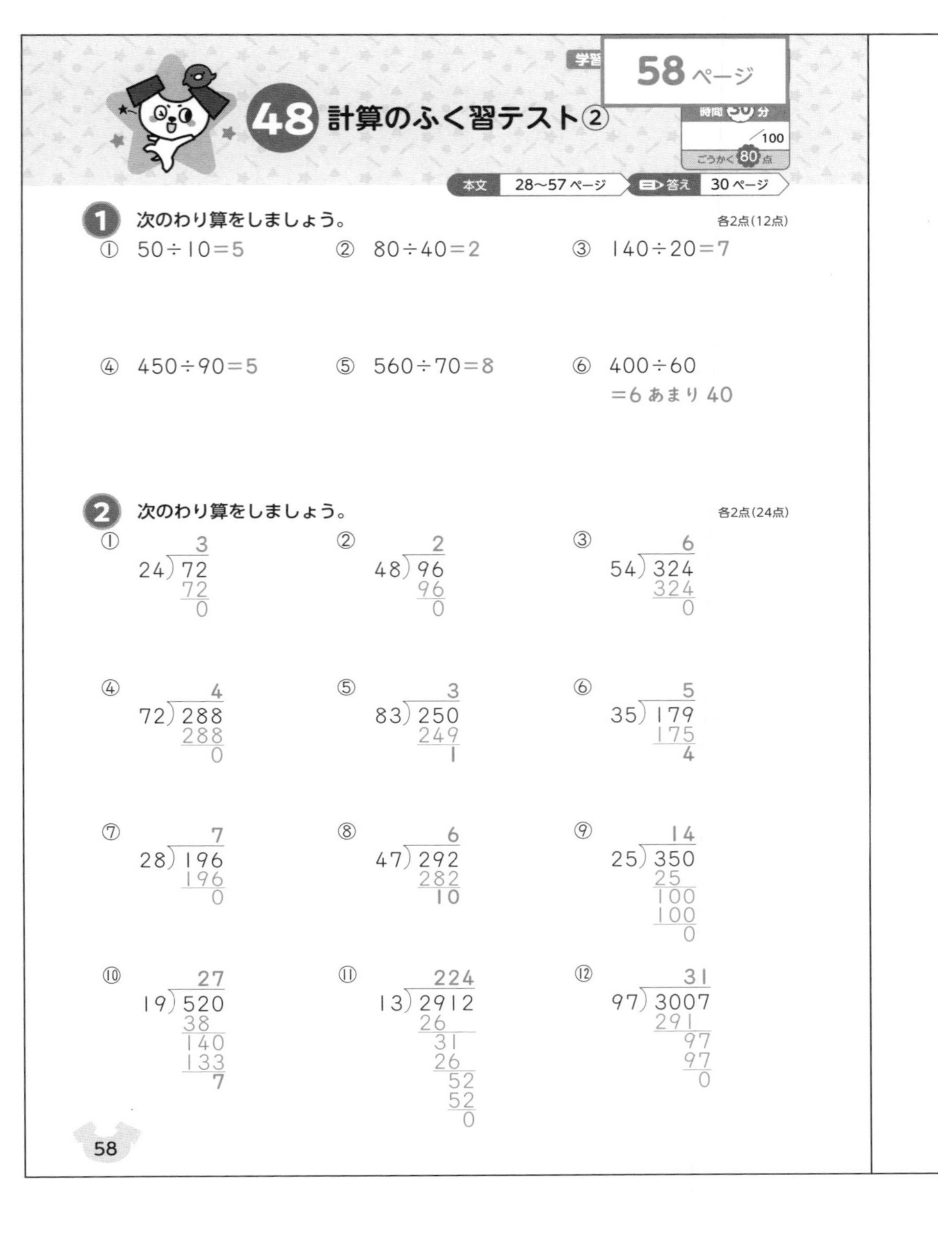

58ページ

48 計算のふく習テスト②

時間20分　/100　ごうかく80点

本文 28〜57ページ　答え 30ページ

1 次のわり算をしましょう。　各2点(12点)

① 50÷10=5　② 80÷40=2　③ 140÷20=7

④ 450÷90=5　⑤ 560÷70=8　⑥ 400÷60 =6 あまり 40

2 次のわり算をしましょう。　各2点(24点)

```
①    3        ②    2        ③     6
 24)72         48)96          54)324
    72            96              324
     0             0                0

④     4       ⑤     3       ⑥     5
 72)288        83)250         35)179
    288            249            175
      0              1              4

⑦     7       ⑧     6       ⑨    14
 28)196        47)292         25)350
    196            282            25
      0             10            100
                                  100
                                    0

⑩    27       ⑪    224      ⑫    31
 19)520        13)2912        97)3007
    38             26             291
    140             31             97
    133             26             97
      7              52             0
                     52
                      0
```


59ページ

3 くふうして、次の計算をしましょう。　各3点(12点)

① 700÷50=14　② 3900÷130=30

③ 4500÷180=25
4500÷180 →(÷10) 450÷18 →(÷9) 50÷2

④ 300÷25=12
300÷25 →(×4) 1200÷100 →(÷100) 12÷1

4 次の計算をしましょう。　各2点(18点)

① 25+3×7 =25+21=46
② 70−21÷3 =70−7=63
③ 5×6+7×8 =30+56=86
④ 64÷8−36÷6 =8−6=2
⑤ 12×4−24÷2 =48−12=36
⑥ 54÷(9÷3) =54÷3=18
⑦ (4+3×2)×7 =(4+6)×7 =10×7=70
⑧ (22+18)÷(12−4) =40÷8=5
⑨ (5×9−3)÷6 =(45−3)÷6 =42÷6=7

5 次の□にあてはまる数をかきましょう。　□各2点(16点)

① 21×6+29×6=(21+29)×[6]=[300]
② (4.7+2.6)+3.4=4.7+([2.6]+3.4)=[10.7]
③ (59×25)×4=59×(25×[4])=[5900]
④ 99×16=(100−1)×16=[100]×16−1×16=[1584]

6 次の□にあてはまる数を求めましょう。　各3点(18点)

① □+18=81　□=81−18=63　(63)
② □−21=49　□=49+21=70　(70)
③ □×8=72　□=72÷8=9　(9)
④ □÷6=9　□=9×6=54　(54)
⑤ □+1.6=4.5　□=4.5−1.6=2.9　(2.9)
⑥ □−0.3=1.7　□=1.7+0.3=2.0　(2)

58ページ

1 10のいくつ分と考えて計算します。あまりがあるときは、0をつけるのをわすれないようにします。

2 ①70÷20と考え、7÷2から商を3と見当をつけます。
③32は54より小さいので、十の位に商はたちません。300÷50と考え、商を6と見当をつけます。

59ページ

3 ①700÷50→10でわって70÷5→5でわって14÷1=14

4 (　)→×、÷→+、−の順に計算しましょう。

5 計算がかんたんになるように(　)を使ってくふうします。
①□×○+△×○ =(□+△)×○を使います。

おうちのかたへ
計算のくふうは、どのきまりが使えるか、式をよく見て考えさせましょう。

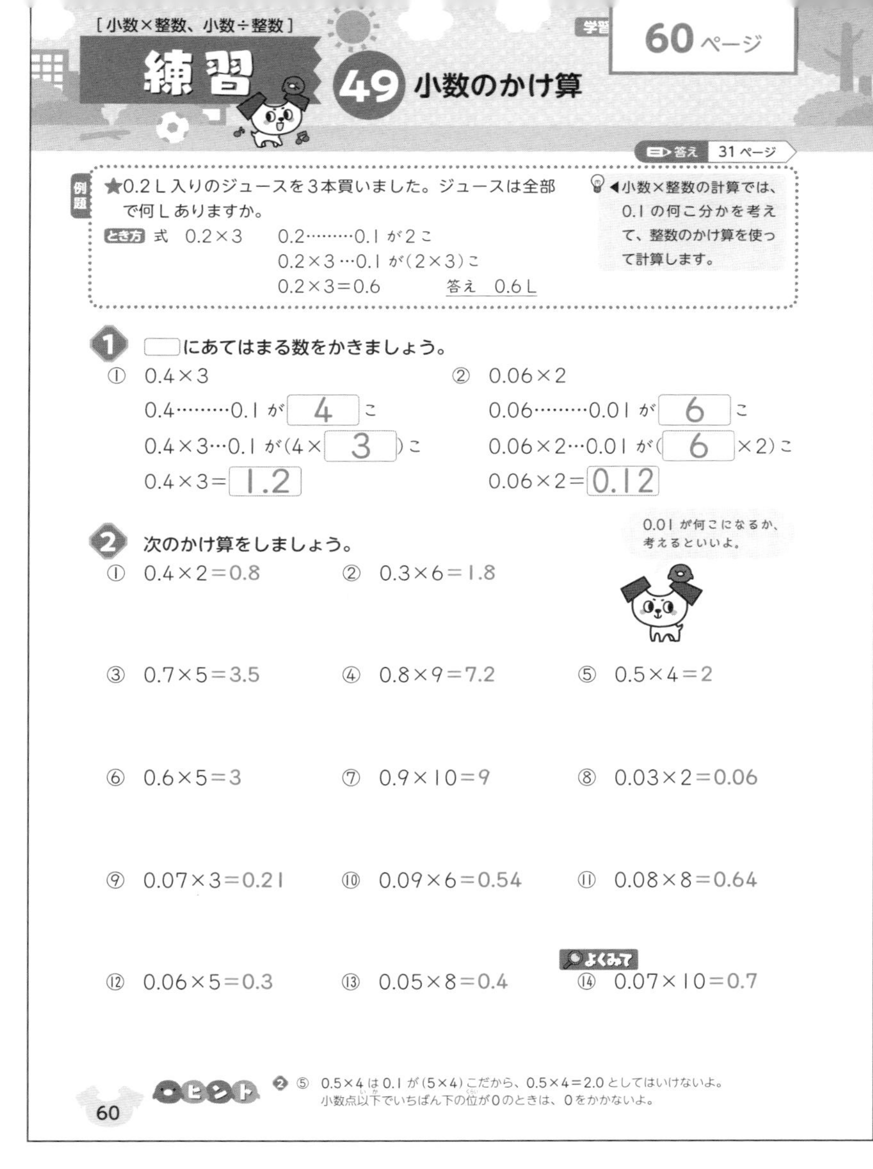
[小数×整数、小数÷整数]

練習 49 小数のかけ算

60ページ

答え 31ページ

例題 ★0.2L入りのジュースを3本買いました。ジュースは全部で何Lありますか。

とき方 式 0.2×3　0.2………0.1が2こ
0.2×3…0.1が(2×3)こ
0.2×3=0.6　答え 0.6L

◀小数×整数の計算では、0.1の何こ分かを考えて、整数のかけ算を使って計算します。

❶ □にあてはまる数をかきましょう。

① 0.4×3
0.4………0.1が[4]こ
0.4×3…0.1が(4×[3])こ
0.4×3=[1.2]

② 0.06×2
0.06………0.01が[6]こ
0.06×2…0.01が([6]×2)こ
0.06×2=[0.12]

❷ 次のかけ算をしましょう。

0.01が何こになるか、考えるといいよ。

① 0.4×2=0.8　② 0.3×6=1.8
③ 0.7×5=3.5　④ 0.8×9=7.2　⑤ 0.5×4=2
⑥ 0.6×5=3　⑦ 0.9×10=9　⑧ 0.03×2=0.06
⑨ 0.07×3=0.21　⑩ 0.09×6=0.54　⑪ 0.08×8=0.64
⑫ 0.06×5=0.3　⑬ 0.05×8=0.4　よくみて ⑭ 0.07×10=0.7

ヒント ❷ ⑤ 0.5×4は0.1が(5×4)こだから、0.5×4=2.0としてはいけないよ。
小数点以下でいちばん下の位が0のときは、0をかかないよ。

答え 31ページ

例題 ★3.7×4を筆算でしましょう。

とき方
3.7 × 4 → 3.7 × 4 = 148 → 3.7 × 4 = 14.8

小数点を考えないで、右にそろえてかきます。｜整数のときと同じように計算します。｜かけられる数の小数点にそろえて、小数点をうちます。

◀答えの小数点は、かけられる数の小数点と同じところにうちます。

❶ 次の計算をしましょう。

① 2.4 × 2 → 4.8
② 1.6 × 6 → 9.6
③ 4.8 × 3 → 14.4
④ 5.9 × 7 → 41.3
⑤ 1.8 × 6 → 10.8
⑥ 5.9 × 9 → 53.1
⑦ 0.45 × 3 → 1.35
⑧ 0.78 × 4 → 3.12
⑨ 3.15 × 7 → 22.05
⑩ 4.13 × 6 → 24.78
⑪ 1.35 × 4 → 5.40

1.35 × 4 → 5.40
0はどうなるかな。

❷ 次のかけ算を筆算でしましょう。

① 2.4×4
2.4 × 4 → 9.6

まちがい注意 ② 4.5×6
4.5 × 6 → 27.0

③ 0.37×6
0.37 × 6 → 2.22

ヒント ❷ ① かけ算の筆算では、位をそろえないで、右にそろえてかけばいいよ。2.4 × 4

60ページ

❶ 0.1や0.01が何こ分になるかを考えて、計算します。

❷ ⑤0.5×4=2.0としないようにしましょう。小数点以下の一番下の位が0のときは、0はかきません。
⑦10倍のときは、小数点を右に1つうつします。
⑨0.01が、7×3=21(こ)分になります。

61ページ

❶ 整数のときと同じように計算し、答えの小数点は、かけられる数の小数点と同じところにうちます。
⑪小数点以下の一番下の位が0になったので、省きます。

❷ 右にそろえてかき、筆算します。

おうちのかたへ
小数のたし算、ひき算の筆算では位をそろえましたが、かけ算ではそろえないことに注意させましょう。

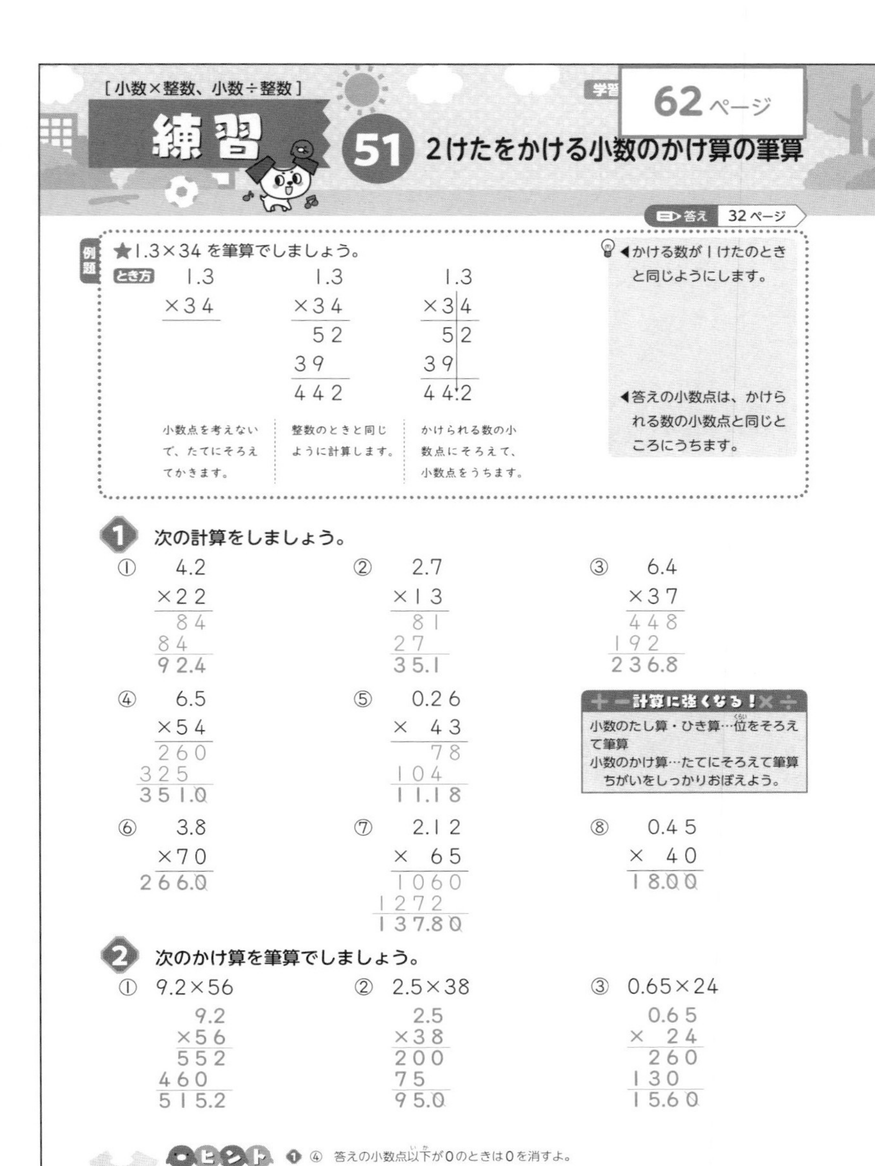

[小数×整数、小数÷整数]

62ページ

練習 51 2けたをかける小数のかけ算の筆算

答え 32ページ

例題 ★1.3×34 を筆算でしましょう。

とき方

1.3 ×34	1.3 ×34 52 39 442	1.3 ×34 52 39 44.2
小数点を考えないで、たてにそろえてかきます。	整数のときと同じように計算します。	かけられる数の小数点をそろえて、小数点をうちます。

◀かける数が1けたのときと同じようにします。

◀答えの小数点は、かけられる数の小数点と同じところにうちます。

1 次の計算をしましょう。

① 4.2×22 → 84, 84, 92.4

② 2.7×13 → 81, 27, 35.1

③ 6.4×37 → 448, 192, 236.8

④ 6.5×54 → 260, 325, 351.0

⑤ 0.26×43 → 78, 104, 11.18

⑥ 3.8×70 → 266.0

⑦ 2.12×65 → 1060, 1272, 137.80

⑧ 0.45×40 → 18.00

＋－計算に強くなる！×÷

小数のたし算・ひき算…位をそろえて筆算

小数のかけ算…たてにそろえて筆算

ちがいをしっかりおぼえよう。

2 次のかけ算を筆算でしましょう。

① 9.2×56 → 9.2, ×56, 552, 460, 515.2

② 2.5×38 → 2.5, ×38, 200, 75, 95.0

③ 0.65×24 → 0.65, ×24, 260, 130, 15.60

ヒント ❶④ 答えの小数点以下が0のときは0を消すよ。

63ページ

練習 52 小数のわり算

答え 32ページ

例題 ★1.2Lのジュースを6人で等しく分けます。1人分は何Lになりますか。

とき方 式 1.2÷6

1.2………0.1が12こ

1.2÷6…0.1が(12÷6)こ

1.2÷6＝0.2　答え 0.2L

◀小数÷整数の計算では、0.1の何こ分かを考えて、整数のわり算を使って計算します。

1 □にあてはまる数をかきましょう。

① 3÷6

3………0.1が 30 こ

3÷6…0.1が(30÷ 6)こ

3÷6＝ 0.5

② 0.24÷3

0.24………0.01が 24 こ

0.24÷3…0.01が(24÷ 3)こ

0.24÷3＝ 0.08

2 次のわり算をしましょう。

① 0.8÷2＝0.4　② 0.6÷6＝0.1　③ 2.7÷3＝0.9

④ 4.8÷8＝0.6　⑤ 4.5÷9＝0.5　⑥ 5.4÷6＝0.9

⑦ 3.6÷6＝0.6　⑧ 1.5÷3＝0.5

2は0.1が20こ集まったものだよ！

3 次のわり算をしましょう。

① 2÷4＝0.5　② 1÷2＝0.5　③ 3÷5＝0.6

④ 0.28÷7＝0.04　⑤ 0.35÷5＝0.07　まちがい注意 ⑥ 0.4÷8＝0.05

ヒント ❸⑥ 0.4を0.01が40こ集まったものだと考えよう。0.01が(40÷8)こだね。

おうちのかたへ

小数のわり算はわられる数が、0.1や0.01の何こ分になるかをまず考えさせます。

62ページ

❶ 整数のときと同じように計算し、答えの小数点は、かけられる数の小数点と同じところにうちます。

④小数点以下が0なので、答えは整数になります。

❷ たてにそろえてかき、筆算します。

63ページ

❶ 0.1や0.01が何こ分になるかを考えて、計算します。

❷ ④0.1が、48÷8＝6で6こ分になります。

❸ ①2は、0.1が20こ分なので、2÷4は0.1が20÷4＝5で5こ分になります。

④0.28は0.01が28こ分なので、0.28÷7は0.01が28÷7＝4で4こ分になります。

⑥0.4は0.01が40こ分なので、0.4÷8は0.01が40÷8＝5で5こ分になります。

答え 33ページ

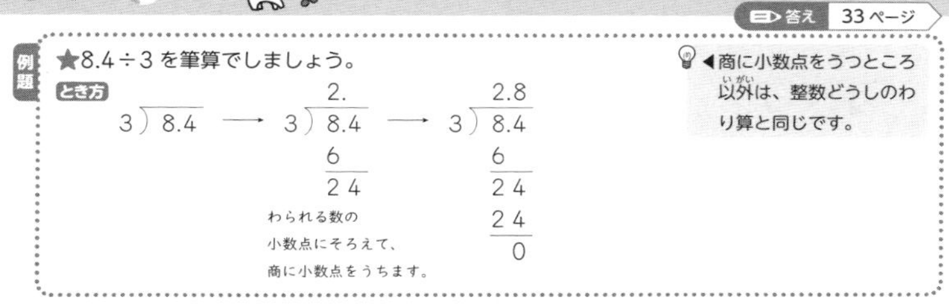

例題 ★8.4÷3 を筆算でしましょう。

とき方
3）8.4 → 3）8.4（商 2.）6, 24 → 3）8.4（商 2.8）6, 24, 24, 0

わられる数の小数点にそろえて、商に小数点をうちます。

◀商に小数点をうつところ以外は、整数どうしのわり算と同じです。

1 次の計算をしましょう。

① 2）2.8 = 1.4（2, 8, 8, 0）
② 6）9.6 = 1.6（6, 36, 36, 0）
③ 5）7.5 = 1.5（5, 25, 25, 0）
④ 5）12.5 = 2.5（10, 25, 25, 0）
⑤ 2）30.2 = 15.1（2, 10, 10, 2, 2, 0）
⑥ 4）49.2 = 12.3（4, 9, 8, 12, 12, 0）

2 例のように、商がたたない位には0をかいて、計算しましょう。

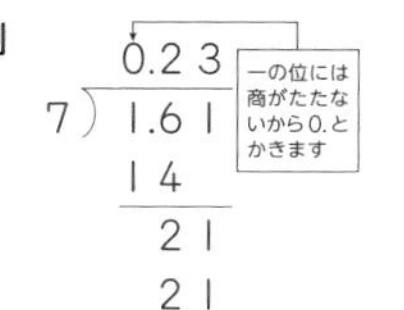

例 7）1.61 = 0.23（14, 21, 21, 0）
一の位には商がたたないから0、とかきます

① 6）1.08 = 0.18（6, 48, 48, 0）
② 8）6.24 = 0.78（56, 64, 64, 0）

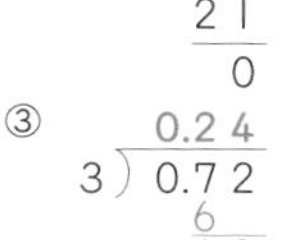

③ 3）0.72 = 0.24（6, 12, 12, 0）

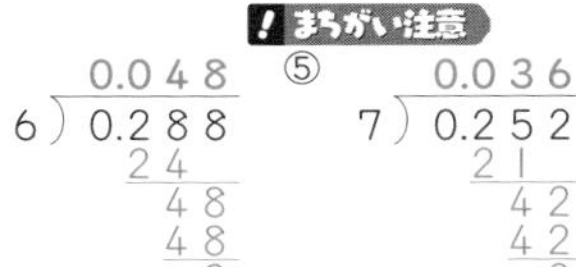

④ 6）0.288 = 0.048（24, 48, 48, 0）

まちがい注意

⑤ 7）0.252 = 0.036（21, 42, 42, 0）

6）0.288（商 0.0）
答えはどの位からたつかな。

ヒント 1 ⑤ 右のように、商の小数点は、わられる数にそろえてうつよ。 2）30.2（商 15.）2, 10

答え 33ページ

例題 ★86.4÷18 を筆算でしましょう。

とき方
18）86.4 → 18）86.4（商 4.）72, 144 → 18）86.4（商 4.8）72, 144, 144, 0

わられる数の小数点にそろえて、商に小数点をうちます。

◀商に小数点をうつところ以外は、整数どうしのわり算と同じです。

1 次の計算をしましょう。

① 28）95.2 = 3.4（84, 112, 112, 0）
② 53）90.1 = 1.7（53, 371, 371, 0）
③ 16）73.6 = 4.6（64, 96, 96, 0）
④ 31）77.5 = 2.5（62, 155, 155, 0）
⑤ 62）86.8 = 1.4（62, 248, 248, 0）
⑥ 23）6.9 = 0.3（69, 0）
⑦ 14）7.28 = 0.52（70, 28, 28, 0）
⑧ 39）7.41 = 0.19（39, 351, 351, 0）

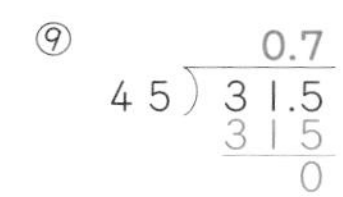

⑨ 45）31.5 = 0.7（315, 0）
⑩ 12）0.48 = 0.04（48, 0）
⑪ 82）4.92 = 0.06（492, 0）

ヒント 1 ⑩ 商がたたないときは、右のように0をかいて筆算をしていこう。 12）0.48（商 0.0）

64ページ

1 計算は整数のわり算と同じようにしますが、わられる数の小数点にそろえて、商に小数点をうちます。

2 ①一の位には商がたたないので、0をかきます。
④一の位、$\frac{1}{10}$の位には商がたたないので、0をかきます。

65ページ

1 1けたでわる小数のわり算と同じように、わられる数の小数点にそろえて、商に小数点をうちます。
⑥一の位には商がたたないので、0をかきます。
⑩一の位、$\frac{1}{10}$の位には商がたたないので、0をかきます。

おうちのかたへ
わり算の筆算についての理解が不足している場合は、整数のわり算の振りかえりをさせましょう。

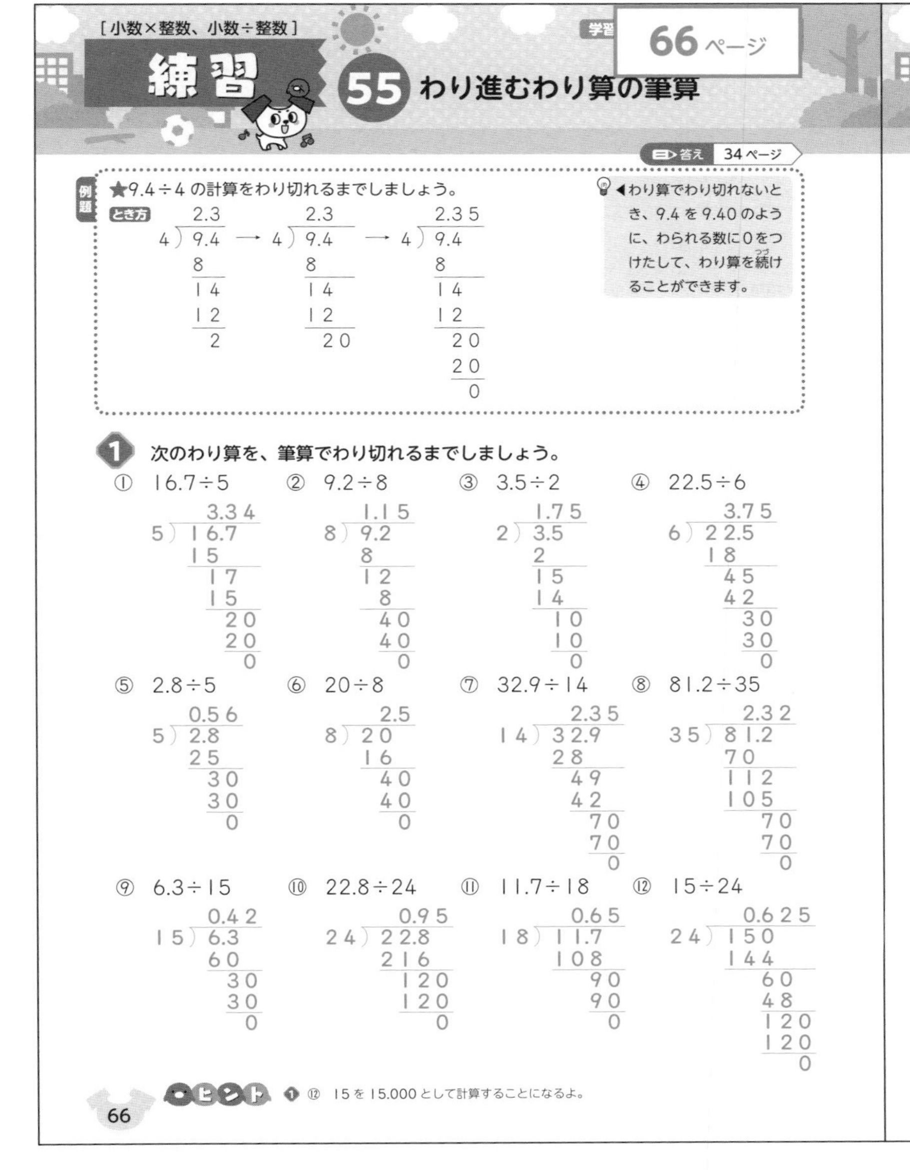

[小数×整数、小数÷整数]

66ページ

練習 55 わり進むわり算の筆算

答え 34ページ

例題 ★9.4÷4 の計算をわり切れるまでしましょう。

とき方

4)9.4 → 2.3 (8, 14, 12, 2) → 4)9.4 → 2.3 (8, 14, 12, 20) → 4)9.4 → 2.35 (8, 14, 12, 20, 20, 0)

◀わり算でわり切れないとき、9.4 を 9.40 のように、わられる数に0をつけたして、わり算を続けることができます。

1 次のわり算を、筆算でわり切れるまでしましょう。

① 16.7÷5　5)16.7 = 3.34（15, 17, 15, 20, 20, 0）

② 9.2÷8　8)9.2 = 1.15（8, 12, 8, 40, 40, 0）

③ 3.5÷2　2)3.5 = 1.75（2, 15, 14, 10, 10, 0）

④ 22.5÷6　6)22.5 = 3.75（18, 45, 42, 30, 30, 0）

⑤ 2.8÷5　5)2.8 = 0.56（25, 30, 30, 0）

⑥ 20÷8　8)20 = 2.5（16, 40, 40, 0）

⑦ 32.9÷14　14)32.9 = 2.35（28, 49, 42, 70, 70, 0）

⑧ 81.2÷35　35)81.2 = 2.32（70, 112, 105, 70, 70, 0）

⑨ 6.3÷15　15)6.3 = 0.42（60, 30, 30, 0）

⑩ 22.8÷24　24)22.8 = 0.95（216, 120, 120, 0）

⑪ 11.7÷18　18)11.7 = 0.65（108, 90, 90, 0）

⑫ 15÷24　24)150 = 0.625（144, 60, 48, 120, 120, 0）

ヒント ❶ ⑫ 15を15.000として計算することになるよ。

[小数×整数、小数÷整数]

67ページ

練習 56 商をがい数で表すわり算の筆算

答え 34ページ

例題 ★7÷21 の商を、四捨五入(ししゃごにゅう)で、上から1けたのがい数で表しましょう。

とき方 7÷21 を計算すると、右のようになるので、上から2けた目の位(くらい)の数字に目をつけて、0.33 → 0.3

21)70 = 0.33（63, 70, 63, 7）

答え 0.3

◀わり算でわり切れなかったり、けた数が多くなったりするときには、商をがい数で表すことがあります。

1 次の商を、四捨五入で、$\frac{1}{10}$ の位までのがい数で表しましょう。

① 3.5÷9　9)3.5 = 0.38̸（4）（27, 80, 72, 8）　(0.4)

② 2.8÷12　12)2.8 = 0.23̸（24, 40, 36, 4）　(0.2)

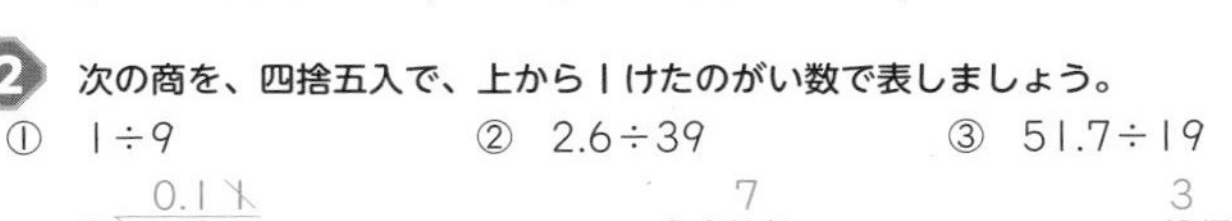

2 次の商を、四捨五入で、上から1けたのがい数で表しましょう。

① 1÷9　9)1.0 = 0.1̸1̸　(0.1)

② 2.6÷39　39)2.60 = 0.066̸（7）　(0.07)

③ 51.7÷19　19)51.7 = 2.7̸（3）　(3)

3 次の商を、四捨五入で、$\frac{1}{100}$ の位までのがい数で表しましょう。

① 85÷6　6)85 = 14.166̸（7）　(14.17)

② 37÷17　17)37 = 2.176̸（8）　(2.18)

③ 14.5÷3　3)14.5 = 4.833̸　(4.83)

ヒント ❸ 求(もと)める商の位のもう1つ下の $\frac{1}{1000}$ の位まで商を求めて、四捨五入するんだよ。

おうちのかたへ

小数をがい数で表すときも、整数のときと同じように求める位の1つ下の位で四捨五入することを身につけさせましょう。

66ページ

❶ わられる数に0をつけたして計算を続(つづ)けます。

⑫まず、15.0÷24 として計算します。一の位(くらい)に0をたてます。次に、150÷24 の商6を $\frac{1}{10}$ の位にたてます。わられる数に0をつけたして、0をおろして計算を続けます。

67ページ

❶ $\frac{1}{10}$ の位までのがい数で表すので、$\frac{1}{100}$ の位の数字を四捨五入(ししゃごにゅう)します。

❷ 上から1けたのがい数で表すので、上から2けた目の数を四捨五入します。大きいけたからみて、最初に0以外の数が出たけたを上から1けた目とします。

❸ $\frac{1}{100}$ の位までのがい数で表すので、$\frac{1}{1000}$ の位の数字を四捨五入します。

57 小数×整数、小数÷整数

時間 20分　100　ごうかく 80点

答え 35ページ

1 次の計算をしましょう。　各2点(10点)

① 0.6×8＝4.8　② 0.4×5＝2　③ 0.05×6＝0.3

④ 2.4÷3＝0.8　⑤ 0.32÷4＝0.08

2 次の計算をしましょう。　各3点(18点)

① 3.7 × 2 ＝ 7.4
② 0.47 × 6 ＝ 2.82
③ 12.4 × 5 ＝ 62.0
④ 2.43 × 4 ＝ 9.72
⑤ 0.25 × 4 ＝ 1.00
⑥ 0.59 × 7 ＝ 4.13

3 次の計算をしましょう。　各3点(18点)

① 3.7 × 43：111、148 → 159.1
② 4.6 × 15：230、46 → 69.0
③ 0.52 × 28：416、104 → 14.56
④ 1.17 × 30 ＝ 35.10
⑤ 0.25 × 36：150、75 → 9.00
⑥ 0.66 × 30 ＝ 19.80

4 次の計算をしましょう。　各3点(36点)

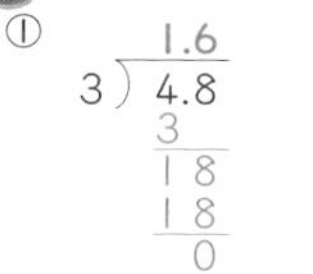

① 4.8÷3＝1.6（3、18、18、0）
② 6.5÷5＝1.3（5、15、15、0）
③ 29.6÷8＝3.7（24、56、56、0）
④ 53.1÷9＝5.9（45、81、81、0）
⑤ 62.4÷3＝20.8（6、2、0、24、24、0）
⑥ 6.44÷7＝0.92（63、14、14、0）
⑦ 0.84÷6＝0.14（6、24、24、0）
⑧ 0.909÷9＝0.101（9、9、9、0）
⑨ 33.6÷21＝1.6（21、126、126、0）
⑩ 9.66÷42＝0.23（84、126、126、0）
⑪ 2.16÷72＝0.03（216、0）
⑫ 1.36÷34＝0.04（136、0）

5 次のわり算を、筆算でわり切れるまでしましょう。　各2点(6点)

① 28.2÷12＝2.35（24、42、36、60、60、0）
② 23.8÷35＝0.68（210、280、280、0）
③ 3÷4＝0.75（28、20、20、0）

6 次の商を、四捨五入で、$\frac{1}{10}$の位までのがい数で表しましょう。また、上から1けたのがい数で表しましょう。　各3点(12点)

① 33.2÷42＝0.79…
$\frac{1}{10}$の位（ 0.8 ）
上から1けた（ 0.8 ）

② 8.2÷6＝1.36…
$\frac{1}{10}$の位（ 1.4 ）
上から1けた（ 1 ）

おうちのかたへ
わり算の計算が長くなったとき、商をかく位を間違えることがあるので、ていねいに計算させましょう。

68ページ

1 ②、③小数点以下の最後の0は消します。
④0.1 が 24÷3＝8 で 8こ分です。

2 ③62.0 なので、0を消します。
⑤1.00 なので、0を2つ消します。

3 整数のかけ算と同じように計算し、答えの小数点はかけられる数の小数点と同じところにうちます。

69ページ

4 整数のわり算と同じように計算し、商の小数点はわられる数の小数点と同じところにうちます。
⑧ $\frac{1}{100}$ の位の0をたてるのをわすれないようにしましょう。

5 0をつけたしてわり進みます。

6 それぞれ、$\frac{1}{100}$ の位、上から2けた目の数で四捨五入します。

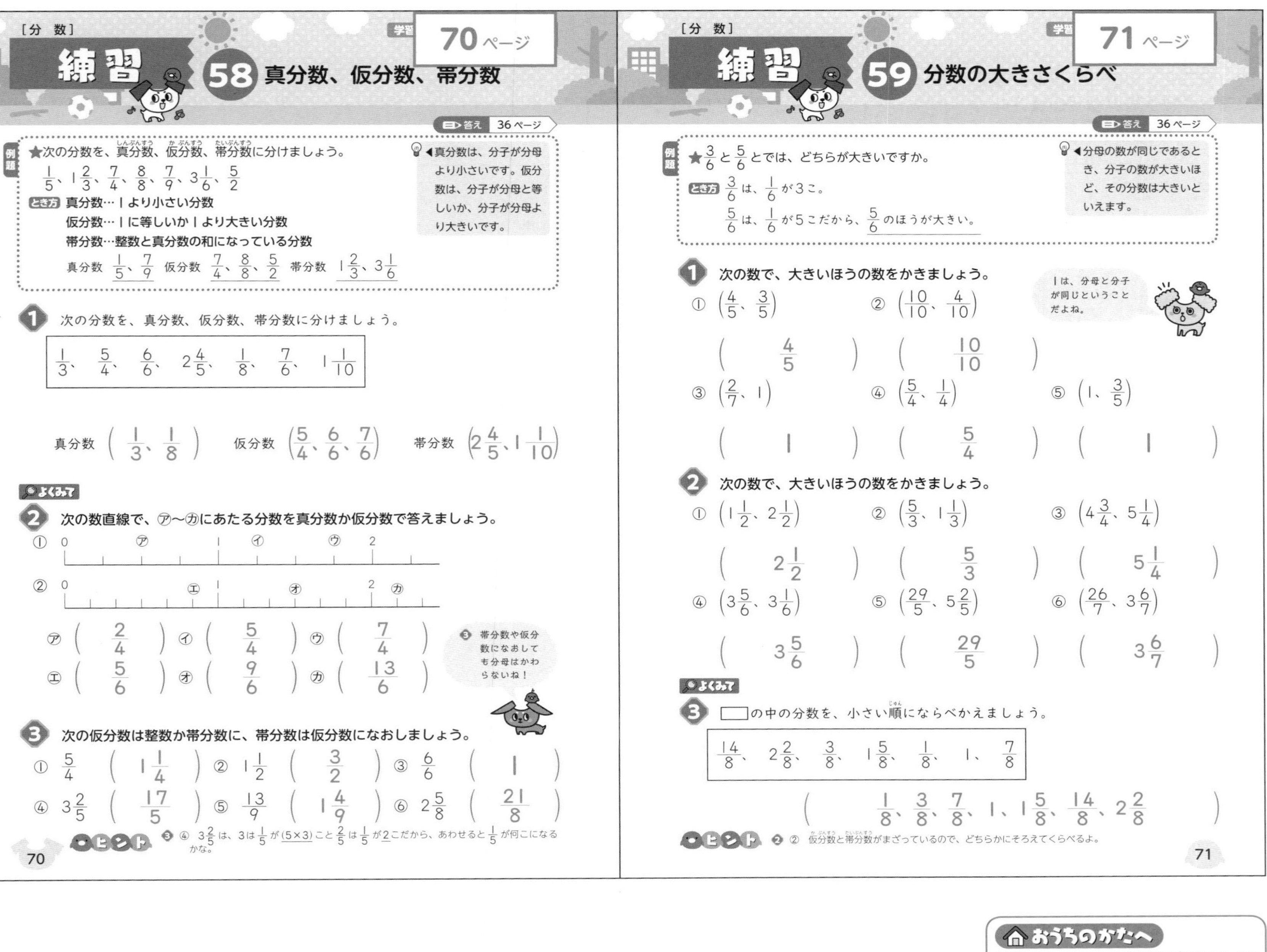

[分　数]

練習 58 真分数、仮分数、帯分数

学習 70ページ

答え 36ページ

例題 ★次の分数を、真分数、仮分数、帯分数に分けましょう。

$\frac{1}{5}$、$1\frac{2}{3}$、$\frac{7}{4}$、$\frac{8}{8}$、$\frac{7}{9}$、$3\frac{1}{6}$、$\frac{5}{2}$

とき方 真分数…1より小さい分数

仮分数…1に等しいか1より大きい分数

帯分数…整数と真分数の和になっている分数

真分数 $\frac{1}{5}$、$\frac{7}{9}$　仮分数 $\frac{7}{4}$、$\frac{8}{8}$、$\frac{5}{2}$　帯分数 $1\frac{2}{3}$、$3\frac{1}{6}$

◀真分数は、分子が分母より小さいです。仮分数は、分子が分母と等しいか、分子が分母より大きいです。

1 次の分数を、真分数、仮分数、帯分数に分けましょう。

$\frac{1}{3}$、$\frac{5}{4}$、$\frac{6}{6}$、$2\frac{4}{5}$、$\frac{1}{8}$、$\frac{7}{6}$、$1\frac{1}{10}$

真分数（$\frac{1}{3}$、$\frac{1}{8}$）　仮分数（$\frac{5}{4}$、$\frac{6}{6}$、$\frac{7}{6}$）　帯分数（$2\frac{4}{5}$、$1\frac{1}{10}$）

よくみて

2 次の数直線で、㋐～㋕にあたる分数を真分数か仮分数で答えましょう。

① 0　㋐　1　㋑　㋒　2

② 0　㋓　1　㋔　2　㋕

㋐（$\frac{2}{4}$）　㋑（$\frac{5}{4}$）　㋒（$\frac{7}{4}$）

㋓（$\frac{5}{6}$）　㋔（$\frac{9}{6}$）　㋕（$\frac{13}{6}$）

3 次の仮分数は整数か帯分数に、帯分数は仮分数になおしましょう。

① $\frac{5}{4}$（$1\frac{1}{4}$）　② $1\frac{1}{2}$（$\frac{3}{2}$）　③ $\frac{6}{6}$（1）

④ $3\frac{2}{5}$（$\frac{17}{5}$）　⑤ $\frac{13}{9}$（$1\frac{4}{9}$）　⑥ $2\frac{5}{8}$（$\frac{21}{8}$）

ヒント ❸ ④ $3\frac{2}{5}$ は、3は $\frac{1}{5}$ が(5×3)こと $\frac{2}{5}$ は $\frac{1}{5}$ が2こだから、あわせると $\frac{1}{5}$ が何こになるかな。

[分　数]

練習 59 分数の大きさくらべ

学習 71ページ

答え 36ページ

例題 ★$\frac{3}{6}$ と $\frac{5}{6}$ とでは、どちらが大きいですか。

とき方 $\frac{3}{6}$ は、$\frac{1}{6}$ が3こ。

$\frac{5}{6}$ は、$\frac{1}{6}$ が5こだから、$\frac{5}{6}$ のほうが大きい。

◀分母の数が同じであるとき、分子の数が大きいほど、その分数は大きいといえます。

1 次の数で、大きいほうの数をかきましょう。

① ($\frac{4}{5}$、$\frac{3}{5}$)（$\frac{4}{5}$）　② ($\frac{10}{10}$、$\frac{4}{10}$)（$\frac{10}{10}$）

③ ($\frac{2}{7}$、1)（1）　④ ($\frac{5}{4}$、$\frac{1}{4}$)（$\frac{5}{4}$）　⑤ (1、$\frac{3}{5}$)（1）

2 次の数で、大きいほうの数をかきましょう。

① ($1\frac{1}{2}$、$2\frac{1}{2}$)（$2\frac{1}{2}$）　② ($\frac{5}{3}$、$1\frac{1}{3}$)（$\frac{5}{3}$）　③ ($4\frac{3}{4}$、$5\frac{1}{4}$)（$5\frac{1}{4}$）

④ ($3\frac{5}{6}$、$3\frac{1}{6}$)（$3\frac{5}{6}$）　⑤ ($\frac{29}{5}$、$5\frac{2}{5}$)（$\frac{29}{5}$）　⑥ ($\frac{26}{7}$、$3\frac{6}{7}$)（$3\frac{6}{7}$）

よくみて

3 □の中の分数を、小さい順にならべかえましょう。

$\frac{14}{8}$、$2\frac{2}{8}$、$\frac{3}{8}$、$1\frac{5}{8}$、$\frac{1}{8}$、1、$\frac{7}{8}$

（$\frac{1}{8}$、$\frac{3}{8}$、$\frac{7}{8}$、1、$1\frac{5}{8}$、$\frac{14}{8}$、$2\frac{2}{8}$）

ヒント ❷ ② 仮分数と帯分数がまざっているので、どちらかにそろえてくらべるよ。

おうちのかたへ

分数についての理解が不足している場合、3年生の分数の内容の振り返りをさせましょう。

70ページ

❷ ①数直線の1目もりは $\frac{1}{4}$ です。

②数直線の1目もりは $\frac{1}{6}$ です。

❸ 仮分数の分子を分母でわった商が、帯分数の整数、あまりが分子になります。

⑤13÷9＝1 あまり4 だから、$\frac{13}{9}=1\frac{4}{9}$

帯分数の分母に整数をかけた積に分子をたしたものが、仮分数の分子になります。

⑥8×2＋5＝21 だから、$2\frac{5}{8}=\frac{21}{8}$

71ページ

❶ 数直線の上に表したとき、右のほうにある数が大きい数です。

❷ 帯分数か仮分数のどちらかにそろえてくらべます。

❸ $\frac{14}{8}$ を帯分数にしてくらべます。$\frac{14}{8}=1\frac{6}{8}$

［分 数］

練習 60 等しい分数

答え 37ページ

例題 ★$\frac{1}{2}$に等しい分数は、$\frac{あ}{4}$、$\frac{い}{6}$、$\frac{う}{8}$、$\frac{え}{10}$です。
あ～えにあてはまる数を求めましょう。

とき方 下の❶の図を見て求めます。
あ…2、い…3、う…4、え…5

◀$\frac{1}{2}$のところをたてに見て、ぶつかった分数が、$\frac{1}{2}$と等しい分数です。

❶ 下の図の中から等しい分数をすべて見つけてかきましょう。

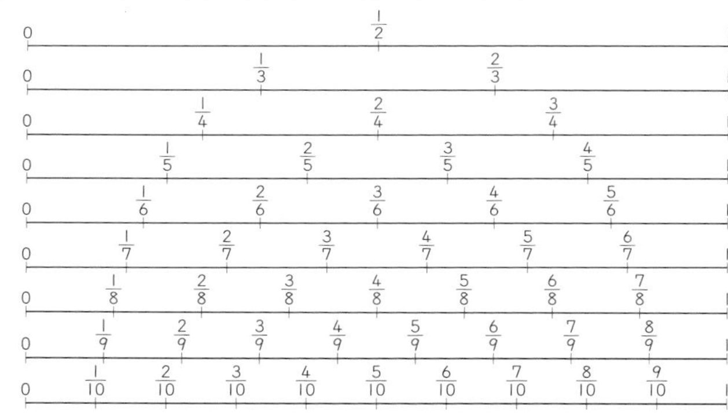

① $\frac{1}{4}$に等しい分数（ $\frac{2}{8}$ ）

② $\frac{2}{3}$に等しい分数（ $\frac{4}{6}$、$\frac{6}{9}$ ）

③ $\frac{4}{10}$に等しい分数（ $\frac{2}{5}$ ）

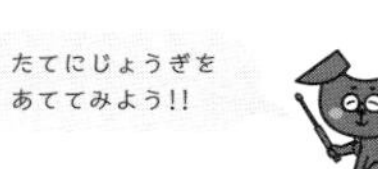

たてにじょうぎをあててみよう!!

よくみて

❷ ❶の図を見て、□にあてはまる数をかきましょう。

① $\frac{6}{9}=\frac{2}{3}$　② $\frac{4}{6}=\frac{2}{3}$　③ $\frac{6}{10}=\frac{3}{5}$

④ $\frac{2}{4}=\frac{1}{2}$　⑤ $\frac{3}{9}=\frac{1}{3}$　⑥ $\frac{4}{8}=\frac{1}{2}$

ヒント ❶② ❶の図で、$\frac{2}{3}$とたてにそろっている分数は1つだけではないよ。すべて等しい分数だから気をつけよう。

［分 数］

練習 61 分数のたし算とひき算

答え 37ページ

例題 ★$\frac{4}{6}+\frac{5}{6}$、$\frac{7}{6}-\frac{2}{6}$の計算をしましょう。

とき方 $\frac{4}{6}+\frac{5}{6}$ …… $\frac{1}{6}$が(4＋5)で9こなので$\frac{9}{6}$。
$\frac{4}{6}+\frac{5}{6}=\frac{9}{6}$ $(1\frac{3}{6}$でもよい)
$\frac{7}{6}-\frac{2}{6}$ …… $\frac{1}{6}$が(7－2)で5こなので$\frac{5}{6}$。$\frac{7}{6}-\frac{2}{6}=\frac{5}{6}$

◀分母が同じ分数のたし算やひき算では、分母はそのままにして、分子だけを計算します。分母と分子が同じになったら、1とします。

❶ 次のたし算をしましょう。

① $\frac{3}{4}+\frac{2}{4}=\frac{5}{4}\left(1\frac{1}{4}\right)$　② $\frac{7}{9}+\frac{4}{9}=\frac{11}{9}\left(1\frac{2}{9}\right)$　③ $\frac{1}{7}+\frac{6}{7}=\frac{7}{7}=1$

④ $\frac{5}{3}+\frac{1}{3}=\frac{6}{3}=2$　⑤ $\frac{7}{5}+\frac{4}{5}=\frac{11}{5}\left(2\frac{1}{5}\right)$　⑥ $\frac{7}{6}+\frac{7}{6}=\frac{14}{6}\left(2\frac{2}{6}\right)$

⑦ $\frac{2}{10}+\frac{8}{10}=\frac{10}{10}=1$　⑧ $\frac{7}{8}+\frac{6}{8}=\frac{13}{8}\left(1\frac{5}{8}\right)$

答えが仮分数になったら、帯分数になおしてもいいよ。

❷ 次のひき算をしましょう。

① $\frac{5}{4}-\frac{2}{4}=\frac{3}{4}$　② $\frac{7}{5}-\frac{3}{5}=\frac{4}{5}$　③ $\frac{10}{6}-\frac{7}{6}=\frac{3}{6}$

④ $\frac{7}{4}-\frac{3}{4}=\frac{4}{4}=1$　⑤ $\frac{9}{8}-\frac{5}{8}=\frac{4}{8}$　⑥ $\frac{13}{7}-\frac{8}{7}=\frac{5}{7}$

⑦ $\frac{5}{11}-\frac{1}{11}=\frac{4}{11}$　⑧ $\frac{12}{9}-\frac{3}{9}=\frac{9}{9}=1$　⑨ $\frac{10}{3}-\frac{2}{3}=\frac{8}{3}\left(2\frac{2}{3}\right)$

ヒント ❶④ $\frac{1}{3}$が(5＋1)こで$\frac{6}{3}$だね。$\frac{6}{3}$は$\frac{3}{3}$が2こあるよ。

72ページ

❶ 数直線をたてに見て、同じ位置にある分数をさがします。

② $\frac{2}{3}$と同じ位置にあるのは、$\frac{4}{6}$と$\frac{6}{9}$です。

❷ ①数直線で$\frac{6}{9}$と同じ大きさを表しているのは、$\frac{2}{3}$と$\frac{4}{6}$です。このうち分母が3になっているのは$\frac{2}{3}$です。

73ページ

❶ ① $\frac{1}{4}$が(3＋2)で5こなので、$\frac{5}{4}$です。

③ $\frac{1}{7}$が(1＋6)で7こなので、$\frac{7}{7}=1$です。

④ $\frac{1}{3}$が(5＋1)で6こなので、$\frac{6}{3}$。$\frac{6}{3}$は$\frac{3}{3}$が2こ分なので、$\frac{6}{3}=2$です。

❷ ① $\frac{1}{4}$が(5－2)で3こなので、$\frac{3}{4}$です。

④ $\frac{1}{4}$が(7－3)で4こなので、$\frac{4}{4}=1$です。

[分 数]

練習 62 帯分数のはいったたし算

答え 38ページ

例題 ★$1\frac{2}{4}+\frac{3}{4}$の計算をしましょう。

とき方 $1\frac{2}{4}=\frac{6}{4}$なので $1\frac{2}{4}+\frac{3}{4}=\frac{6}{4}+\frac{3}{4}=\frac{9}{4}$ ($2\frac{1}{4}$ でもよい)

または、

$1\frac{2}{4}=1+\frac{2}{4}$なので $1\frac{2}{4}+\frac{3}{4}=1+\frac{2}{4}+\frac{3}{4}=1+\frac{5}{4}$

$=1+1+\frac{1}{4}=2\frac{1}{4}$

◀帯分数は仮分数になおして計算します。

◀帯分数を整数と真分数に分けて計算します。

1 次の□にあてはまる数をかきましょう。

① $1\frac{5}{6}+\frac{2}{6}=\frac{11}{6}+\frac{2}{6}=\frac{13}{6}$

② $2\frac{1}{4}+\frac{3}{4}=2+\frac{1}{4}+\frac{3}{4}=2+\frac{4}{4}=2+1=3$

2 次のたし算をしましょう。

① $1\frac{2}{5}+\frac{1}{5}=\frac{7}{5}+\frac{1}{5}=\frac{8}{5}\left(1\frac{3}{5}\right)$

② $2\frac{1}{3}+\frac{1}{3}=\frac{7}{3}+\frac{1}{3}=\frac{8}{3}\left(2\frac{2}{3}\right)$

③ $\frac{5}{7}+1\frac{3}{7}=\frac{5}{7}+\frac{10}{7}=\frac{15}{7}\left(2\frac{1}{7}\right)$

④ $\frac{4}{6}+2\frac{5}{6}=\frac{4}{6}+\frac{17}{6}=\frac{21}{6}\left(3\frac{3}{6}\right)$

⑤ $1\frac{3}{9}+\frac{6}{9}=\frac{12}{9}+\frac{6}{9}=\frac{18}{9}=2$

⑥ $\frac{8}{10}+1\frac{5}{10}=\frac{8}{10}+\frac{15}{10}=\frac{23}{10}\left(2\frac{3}{10}\right)$

⑦ $2\frac{3}{8}+\frac{6}{8}=\frac{19}{8}+\frac{6}{8}=\frac{25}{8}\left(3\frac{1}{8}\right)$

⑧ $\frac{1}{4}+2\frac{3}{4}=\frac{1}{4}+\frac{11}{4}=\frac{12}{4}=3$

ヒント ❷⑤ 計算すると、$1\frac{3}{9}+\frac{6}{9}=1+\frac{3}{9}+\frac{6}{9}=1+\frac{9}{9}$だね。$\frac{9}{9}$は1になるよ。

[分 数]

練習 63 帯分数のはいったひき算

答え 38ページ

例題 ★$1\frac{1}{4}-\frac{3}{4}$の計算をしましょう。

とき方 $1\frac{1}{4}=\frac{5}{4}$なので $1\frac{1}{4}-\frac{3}{4}=\frac{5}{4}-\frac{3}{4}=\frac{2}{4}$

◀帯分数は仮分数になおして計算します。

1 次の□にあてはまる数をかきましょう。

① $1\frac{2}{5}-\frac{3}{5}=\frac{7}{5}-\frac{3}{5}=\frac{4}{5}$

② $2-\frac{1}{3}=\frac{6}{3}-\frac{1}{3}=\frac{5}{3}$

$2-\frac{1}{3}=1\frac{3}{3}-\frac{1}{3}$ と考えてもいいよ。

2 次のひき算をしましょう。

① $1\frac{4}{5}-\frac{3}{5}=\frac{9}{5}-\frac{3}{5}=\frac{6}{5}\left(1\frac{1}{5}\right)$

② $1\frac{5}{6}-\frac{2}{6}=\frac{11}{6}-\frac{2}{6}=\frac{9}{6}\left(1\frac{3}{6}\right)$

③ $1\frac{3}{9}-\frac{7}{9}=\frac{12}{9}-\frac{7}{9}=\frac{5}{9}$

④ $1\frac{2}{4}-\frac{3}{4}=\frac{6}{4}-\frac{3}{4}=\frac{3}{4}$

⑤ $1\frac{3}{7}-\frac{6}{7}=\frac{10}{7}-\frac{6}{7}=\frac{4}{7}$

⑥ $1\frac{1}{8}-\frac{5}{8}=\frac{9}{8}-\frac{5}{8}=\frac{4}{8}$

⑦ $1-\frac{3}{10}=\frac{10}{10}-\frac{3}{10}=\frac{7}{10}$

まちがい注意

⑧ $2-\frac{1}{4}=\frac{8}{4}-\frac{1}{4}=\frac{7}{4}\left(1\frac{3}{4}\right)$

ヒント ❷③ $\frac{3}{9}$から$\frac{7}{9}$はひけないので、$1\frac{3}{9}$を仮分数になおそう。仮分数の分子は、$9\times1+3=12$だね。

おうちのかたへ

帯分数のはいったたし算は、帯分数のままか、仮分数になおしてからか、やりやすい方法で計算させましょう。

74ページ

1 ① $1\frac{5}{6}$を仮分数になおします。$6\times1+5=11$だから、$1\frac{5}{6}=\frac{11}{6}$です。

2 ① $1\frac{2}{5}$を整数と真分数に分けて計算する場合は、

$1\frac{2}{5}+\frac{1}{5}=1+\frac{2}{5}+\frac{1}{5}$

$=1+\frac{3}{5}=1\frac{3}{5}$

75ページ

1 ① $1\frac{2}{5}$を仮分数になおします。$5\times1+2=7$だから、$1\frac{2}{5}=\frac{7}{5}$です。

2 ① $\frac{4}{5}-\frac{3}{5}=\frac{1}{5}$だから、$1\frac{4}{5}-\frac{3}{5}=1\frac{1}{5}$と計算することもできます。

⑧ $2=1\frac{4}{4}$と考えて、

$\frac{4}{4}-\frac{1}{4}=\frac{3}{4}$だから、

$2-\frac{1}{4}=1\frac{4}{4}-\frac{1}{4}=1\frac{3}{4}$

と計算することもできます。

64 分数

学習日　時間20分　100　ごうかく80点

答え 39ページ

1 次の仮分数は整数か帯分数に、帯分数は仮分数になおしましょう。　各2点(12点)

① $\frac{5}{4}$　（$1\frac{1}{4}$）　② $1\frac{2}{10}$　（$\frac{12}{10}$）　③ $\frac{7}{7}$　（1）

④ $\frac{11}{5}$　（$2\frac{1}{5}$）　⑤ $2\frac{3}{4}$　（$\frac{11}{4}$）　⑥ $\frac{13}{8}$　（$1\frac{5}{8}$）

2 （　）の中の数で、大きいほうの数をかきましょう。　各2点(12点)

① $\left(\frac{2}{6}、\frac{3}{6}\right)$　（$\frac{3}{6}$）　② $\left(\frac{6}{7}、\frac{9}{7}\right)$　（$\frac{9}{7}$）　③ $\left(\frac{8}{8}、\frac{7}{8}\right)$　（$\frac{8}{8}$）

④ $\left(1、\frac{2}{4}\right)$　（1）　⑤ $\left(3\frac{4}{5}、3\frac{1}{5}\right)$　（$3\frac{4}{5}$）　⑥ $\left(\frac{27}{4}、6\frac{1}{4}\right)$　（$\frac{27}{4}$）

3 次の計算をしましょう。　各3点(27点)

① $\frac{5}{7}+\frac{4}{7}=\frac{9}{7}\left(1\frac{2}{7}\right)$　② $\frac{4}{9}+\frac{10}{9}=\frac{14}{9}\left(1\frac{5}{9}\right)$　③ $\frac{3}{5}+\frac{2}{5}=\frac{5}{5}=1$

④ $\frac{6}{10}+\frac{7}{10}=\frac{13}{10}\left(1\frac{3}{10}\right)$　⑤ $\frac{9}{6}-\frac{5}{6}=\frac{4}{6}$　⑥ $\frac{13}{11}-\frac{9}{11}=\frac{4}{11}$

⑦ $\frac{13}{8}-\frac{7}{8}=\frac{6}{8}$　⑧ $\frac{5}{3}-\frac{4}{3}=\frac{1}{3}$　⑨ $\frac{16}{12}-\frac{7}{12}=\frac{9}{12}$

4 次の計算をしましょう。　各3点(45点)

① $1\frac{1}{4}+\frac{2}{4}=\frac{5}{4}+\frac{2}{4}=\frac{7}{4}\left(1\frac{3}{4}\right)$　② $\frac{4}{5}+1\frac{3}{5}=\frac{4}{5}+\frac{8}{5}=\frac{12}{5}\left(2\frac{2}{5}\right)$　③ $2\frac{5}{9}+\frac{7}{9}=\frac{23}{9}+\frac{7}{9}=\frac{30}{9}\left(3\frac{3}{9}\right)$

④ $\frac{5}{6}+1\frac{5}{6}=\frac{5}{6}+\frac{11}{6}=\frac{16}{6}\left(2\frac{4}{6}\right)$　⑤ $1\frac{3}{4}+1\frac{2}{4}=\frac{7}{4}+\frac{6}{4}=\frac{13}{4}\left(3\frac{1}{4}\right)$　⑥ $1\frac{2}{7}+\frac{5}{7}=\frac{9}{7}+\frac{5}{7}=\frac{14}{7}=2$

⑦ $1\frac{7}{8}+\frac{3}{8}=\frac{15}{8}+\frac{3}{8}=\frac{18}{8}\left(2\frac{2}{8}\right)$　⑧ $\frac{4}{9}+2\frac{5}{9}=\frac{4}{9}+\frac{23}{9}=\frac{27}{9}=3$　⑨ $1\frac{2}{3}-\frac{1}{3}=\frac{5}{3}-\frac{1}{3}=\frac{4}{3}\left(1\frac{1}{3}\right)$

⑩ $2\frac{3}{4}-\frac{2}{4}=\frac{11}{4}-\frac{2}{4}=\frac{9}{4}\left(2\frac{1}{4}\right)$　⑪ $1\frac{2}{5}-\frac{4}{5}=\frac{7}{5}-\frac{4}{5}=\frac{3}{5}$　⑫ $1\frac{4}{7}-\frac{6}{7}=\frac{11}{7}-\frac{6}{7}=\frac{5}{7}$

⑬ $1-\frac{1}{9}=\frac{9}{9}-\frac{1}{9}=\frac{8}{9}$　⑭ $2-\frac{5}{6}=\frac{12}{6}-\frac{5}{6}=\frac{7}{6}\left(1\frac{1}{6}\right)$　⑮ $2\frac{5}{8}-\frac{7}{8}=\frac{21}{8}-\frac{7}{8}=\frac{14}{8}\left(1\frac{6}{8}\right)$

できたらスゴイ!

5 等しい分数になるように、□にあてはまる数をかきましょう。　各2点(4点)

① $\frac{2}{6}=\frac{\boxed{1}}{3}$　② $\frac{4}{5}=\frac{8}{\boxed{10}}$

おうちのかたへ

計算の理解を深めるために、帯分数⇔仮分数の変換を確実に身につけさせましょう。

76ページ

1 ①$5\div4=1$ あまり 1 だから、$\frac{5}{4}=1\frac{1}{4}$

②$10\times1+2=12$ だから、$1\frac{2}{10}=\frac{12}{10}$

2 分母が同じである分数は、分子の数が大きいほど大きくなります。

⑥帯分数か仮分数のどちらかにそろえてくらべます。

3 分母はそのままで、分子だけを計算します。

77ページ

4 ②$1\frac{3}{5}$ を整数と真分数に分けて計算する場合は、

$\frac{4}{5}+1\frac{3}{5}=\frac{4}{5}+1+\frac{3}{5}$

$=1+\frac{7}{5}=1+1\frac{2}{5}=2\frac{2}{5}$

⑮$2\frac{5}{8}=1\frac{13}{8}$ と考えて、

$2\frac{5}{8}-\frac{7}{8}=1\frac{13}{8}-\frac{7}{8}=1\frac{6}{8}$

と計算することもできます。

5 72ページの数直線を見て考えましょう。

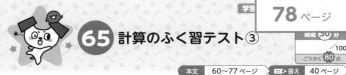

65 計算のふく習テスト③

時間 30分　/100　ごうかく80点

本文 60〜77ページ　答え 40ページ

1 次の計算をしましょう。　各4点(24点)

① $\frac{5}{9}+\frac{11}{9}=\frac{16}{9}\left(1\frac{7}{9}\right)$

② $\frac{3}{4}+1\frac{1}{4}=\frac{3}{4}+\frac{5}{4}=\frac{8}{4}=2$

③ $1\frac{3}{10}+\frac{9}{10}=\frac{13}{10}+\frac{9}{10}=\frac{22}{10}\left(2\frac{2}{10}\right)$

④ $\frac{15}{9}-\frac{6}{9}=\frac{9}{9}=1$

⑤ $1\frac{1}{4}-\frac{3}{4}=\frac{5}{4}-\frac{3}{4}=\frac{2}{4}$

⑥ $2\frac{3}{8}-1\frac{5}{8}=\frac{19}{8}-\frac{13}{8}=\frac{6}{8}$

2 次の計算をしましょう。　各5点(45点)

① 0.04×7=0.28　② 0.63÷9=0.07　③ 0.2÷4=0.05

④ 1.3×8=10.4

⑤ 0.98×4=3.92

⑥ 0.28×21：28、56、5.88

⑦ 9.1÷7=1.3：7、21、21、0

⑧ 7.84÷8=0.98：72、64、64、0

⑨ 4.68÷78=0.06：468、0

3 次のわり算を、わり切れるまでしましょう。　各5点(15点)

① 1.08÷5=0.216：10、8、5、30、30、0

② 87÷25=3.48：75、120、100、200、200、0

③ 7.95÷50=0.159：50、295、250、450、450、0

4 次の商を、四捨五入(ししゃごにゅう)で、$\frac{1}{10}$の位(くらい)までのがい数と上から1けたのがい数で表しましょう。　各4点(16点)

① 49.6÷6=8.26…：48、16、12、40、36、4
$\frac{1}{10}$の位（8.3）　上から1けた（8）

② 53.2÷34=1.56…：34、192、170、220、204、16
$\frac{1}{10}$の位（1.6）　上から1けた（2）

まとめのテスト

66 4年生の計算のまとめ

1回目

時間 20分　/100　ごうかく80点

答え 40ページ

1 次の計算をしましょう。わり算は、わり切れるまでしましょう。　各4点(32点)

① 267×341：267、1068、801、91047

② 672×529：6048、1344、3360、355488

③ 45×312：90、45、135、14040

④ 276×408：2208、1104、112608

⑤ 96÷4=24：8、16、16、0

⑥ 82÷5=16.4：5、32、30、20、20、0

⑦ 728÷8=91：72、8、8、0

⑧ 621÷6=103.5：6、21、18、30、30、0

2 次の計算を筆算でしましょう。　各5点(20点)

① 0.58+0.72：0.58＋0.72＝1.30

② 7.8+1.36：7.8＋1.36＝9.16

③ 0.75−0.37：0.75−0.37＝0.38

④ 2.5−0.68：2.5−0.68＝1.82

3 次の計算をしましょう。わり算は、わり切れるまでしましょう。　各4点(48点)

① 9.5×3=28.5

② 4.77×8=38.16

③ 0.41×21：41、82、8.61

④ 0.37×90=33.30

⑤ 93÷31=3：93、0

⑥ 255÷51=5：255、0

⑦ 304÷38=8：304、0

⑧ 832÷32=26：64、192、192、0

⑨ 6.8÷4=1.7：4、28、28、0

⑩ 6.03÷9=0.67：54、63、63、0

⑪ 12.5÷25=0.5：125、0

⑫ 9.69÷17=0.57：85、119、119、0

おうちのかたへ
小数の計算は小数点の位置、分数の計算は帯分数の扱いについて注意させましょう。

78ページ

1 ⑥$2\frac{3}{8}=1\frac{11}{8}$と考えて、
$2\frac{3}{8}-1\frac{5}{8}=1\frac{11}{8}-1\frac{5}{8}=\frac{6}{8}$
と計算することもできます。

2 ③0.2は0.01が20こ分なので、0.2÷4は、0.01が20÷4=5で5こ分。

4 $\frac{1}{10}$の位までのがい数で表すときは$\frac{1}{100}$の位の数を四捨五入(ししゃごにゅう)、上から1けたのがい数で表すときは上から2けた目の数を四捨五入します。

79ページ

1 ⑥、⑧小数点のつけわすれに気をつけましょう。

2 小数点の位置(いち)をそろえて計算します。

3 小数のかけ算は、整数のかけ算と同じように計算し、かけられる数の小数点にそろえて小数点をうちます。
④小数点以下(いか)の最後の0は消します。

67 4年生の計算のまとめ 2回目

時間 20分 /100 ごうかく 80点

答え 41 ページ

1 次の計算をしましょう。 各4点(32点)

① 25+4×8 =25+32=57
② 70−13×3 =70−39=31
③ 7×4+3×6 =28+18=46
④ 64÷8+36÷4 =8+9=17
⑤ (23+17)×(13−8) =40×5=200
⑥ 4×(26+14)÷8 =4×40÷8=20
⑦ 48÷(53−41)×9 =48÷12×9=36
⑧ 12×36+8×36 =(12+8)×36 =20×36=720

2 次の計算をしましょう。 各4点(48点)

① $\frac{5}{4}+\frac{2}{4}=\frac{7}{4}\left(1\frac{3}{4}\right)$
② $\frac{6}{9}+\frac{5}{9}=\frac{11}{9}\left(1\frac{2}{9}\right)$
③ $\frac{5}{7}+\frac{9}{7}=\frac{14}{7}=2$
④ $\frac{9}{6}-\frac{5}{6}=\frac{4}{6}$
⑤ $\frac{8}{5}-\frac{7}{5}=\frac{1}{5}$
⑥ $\frac{13}{8}-\frac{5}{8}=\frac{8}{8}=1$
⑦ $1\frac{2}{4}+\frac{3}{4}=\frac{6}{4}+\frac{3}{4}=\frac{9}{4}\left(2\frac{1}{4}\right)$
⑧ $1\frac{3}{5}+\frac{4}{5}=\frac{8}{5}+\frac{4}{5}=\frac{12}{5}\left(2\frac{2}{5}\right)$
⑨ $\frac{6}{7}+1\frac{2}{7}=\frac{6}{7}+\frac{9}{7}=\frac{15}{7}\left(2\frac{1}{7}\right)$
⑩ $1\frac{2}{7}-\frac{6}{7}=\frac{9}{7}-\frac{6}{7}=\frac{3}{7}$
⑪ $1\frac{1}{9}-\frac{5}{9}=\frac{10}{9}-\frac{5}{9}=\frac{5}{9}$
⑫ $2-\frac{2}{6}=\frac{12}{6}-\frac{2}{6}=\frac{10}{6}\left(1\frac{4}{6}\right)$

3 次のわり算を、筆算でわり切れるまでしましょう。 各4点(12点)

① 3.8÷5
```
  0.76
5)3.8
  35
   30
   30
    0
```
② 13.2÷16
```
    0.825
16)13.2
   128
     40
     32
      80
      80
       0
```
③ 42÷48
```
    0.875
48)420
   384
    360
    336
     240
     240
       0
```

4 次の商を、四捨五入(ししゃごにゅう)で、$\frac{1}{100}$の位(くらい)までのがい数で表しましょう。 各4点(8点)

① 0.88÷6=0.146… (0.15)
② 32.8÷48=0.683… (0.68)

この本の終わりにある「チャレンジテスト」をやってみよう！

80ページ

1 (　)→×、÷→＋、−の順(じゅん)に計算します。
⑧□×○＋△×○＝(□＋△)×○の関係を使います。

2 ⑥分子と分母が同じときは、1とします。
⑦ $1\frac{2}{4}+\frac{3}{4}=1+\frac{2}{4}+\frac{3}{4}=1+\frac{5}{4}=1+1\frac{1}{4}=2\frac{1}{4}$
と計算することもできます。
⑫ $2=1\frac{6}{6}$ と考えて、
$2-\frac{2}{6}=1\frac{6}{6}-\frac{2}{6}=1\frac{4}{6}$
と計算することもできます。

3 商をたてる位置(いち)に気をつけましょう。

4 $\frac{1}{100}$ の位(くらい)までのがい数で表すので、$\frac{1}{1000}$ の位の数を四捨五入(ししゃごにゅう)します。

おうちのかたへ
計算の順序や計算のくふうでは複雑な式になった場合でも、どの決まりがつかえるか式をよく見て考えさせましょう。

4年
チャレンジテスト①
月 日
名前
時間
40分
ごうかく70点
100
答え 42ページ

1 次の計算をしましょう。 各3点(6点)

① 43 億×3

(129 億)

② 9 億 2000 万−7 億 6500 万

(1 億 5500 万)

2 次の計算を筆算でしましょう。 各2点(12点)

① 71÷3

```
   23
3)71
  6
  11
   9
   2
```

② 98÷7

```
   14
7)98
  7
  28
  28
   0
```

③ 108÷5

```
    21
5)108
  10
    8
    5
    3
```

④ 260÷8

```
    32
8)260
  24
   20
   16
    4
```

⑤ 864÷4

```
   216
4)864
  8
   6
   4
   24
   24
    0
```

⑥ 568÷3

```
   189
3)568
  3
  26
  24
   28
   27
    1
```

3 次の計算をしましょう。 各3点(6点)

① 950÷5=190

② 216÷3=72

4 次の計算をしましょう。 各3点(6点)

① 8500÷250=34

② 9000÷150=60

5 次の計算を筆算でしましょう。 各2点(8点)

① 1.65+2.8

```
  1.65
 +2.8
  4.45
```

② 5.37+6

```
  5.37
 +6
 11.37
```

③ 20−8.05

```
  20
 − 8.05
  11.95
```

④ 6.4−1.64

```
  6.4
 −1.64
  4.76
```

6 次の計算をしましょう。 各2点(8点)

① 358×157

```
    358
   ×157
   2506
  1790
  358
  56206
```

② 254×804

```
    254
   ×804
   1016
  2032
 204216
```

③ 98×278

```
     98
   ×278
    784
   686
  196
  27244
```

④ 315×496

```
    315
   ×496
   1890
  2835
 1260
 156240
```


●うらにも問題があります。

チャレンジテスト① おもて

1 ①43×3=129 だから、129 億になります。

②1 億の位から 1 くり下がって、1 億 5500 万になります。

2 ③百の位の 1 は5より小さいので、百の位に商はたちません。10÷5 で2をたてて、5×2=10、10−10=0 で一の位の8をおろします。8÷5 で1をたてて、5×1=5、8から5をひいて3なので、あまり3です。

⑤8÷4 で2をたてて、4×2=8、8−8=0 で十の位の6をおろします。6÷4 で1をたてて、4×1=4、6から4をひいて2、一の位の4をおろします。24÷4 で6をたてて、4×6=24 なので、あまりなしです。筆算が長くなるのでていねいに計算しましょう。

3 九九を声に出して言いながら暗算しましょう。

①9÷5 で 五一が5で 100、五九45 で 90、合わせて 190。

②21÷3 で 三七21 で 70、三二が6で2、合わせて 72。

4 ①8500÷250

↓ ÷10

850÷25

↓ ÷5

170÷5

↓ ÷5

34÷1

答え 34

②9000÷150

↓ ÷10

900÷15

↓ ÷3

300÷5

↓ ÷5

60÷1

答え 60

5 小数点の位置をそろえて筆算します。答えにも同じ位置に小数点をつけます。

①2.8 は 2.80 と考えて計算します。

③20 は 20.00 と考えて計算します。くり下がりに注意しましょう。

6 けたが増えても計算のしかたは同じです。

②0 をかける計算は省けます。ただし、次のかけ算の答えの位置に注意しましょう。

④答えのけたも大きくなるので、ていねいに計算しましょう。

7 次の計算を筆算でしましょう。 各3点(12点)

① 610÷73

```
      8
73)610
   584
    26
```

② 496÷18

```
     27
18)496
   36
   136
   126
    10
```

③ 5136÷26

```
      197
26)5136
   26
   253
   234
    196
    182
     14
```

④ 9054÷256

```
        35
256)9054
     768
    1374
    1280
      94
```

8 次の計算をしましょう。 各3点(6点)

① 14×3−64÷8
＝42−8＝34

② (5＋11×2)−12÷2
＝(5＋22)−6＝27−6＝21

9 □にあてはまる数をかきましょう。 各3点(9点)

① 300万の［1］万倍は300億です。

② 1億を25こ、10万を87こあわせた数は
［25］億［870］万です。

③ 650億を100でわった数は
［6］億［5000］万です。

10 1組の三角じょうぎを使ってできた角の大きさを求めましょう。 各3点(6点)

①

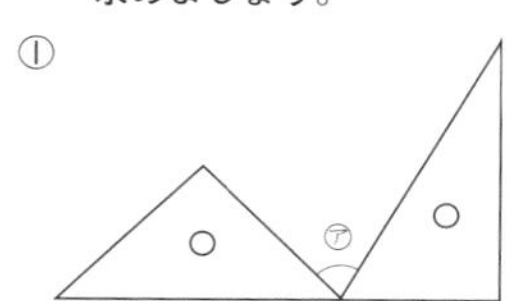

㋐（ 75° ）

②

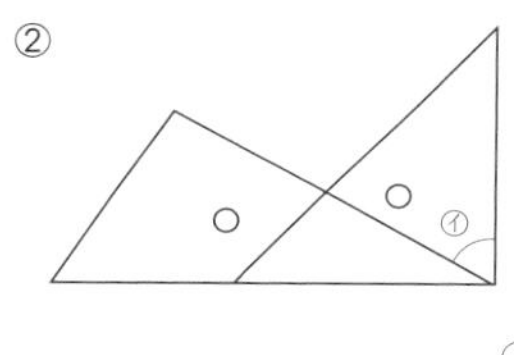

㋑（ 60° ）

11 次の□にあてはまる数を求めましょう。 各4点(8点)

① 6＋□÷3＝14 （ 24 ）

② 2×□−9＝17 （ 13 ）

12 角の大きさについて答えましょう。 各4点(8点)

① 3直角は何度ですか。 （ 270° ）

② 時計の長いはりが、5分間に回る角の大きさは何度ですか。 （ 30° ）

13 次の数を小さい順にならべかえましょう。 (5点)

1.06　0.28　0.2　1.9　0.07

（0.07、0.2、0.28、1.06、1.9）

チャレンジテスト① うら

7 ①61は73より小さいので、十の位(くらい)に商はたちません。600÷70と考えて、60÷7から、商に8をたてます。

②500÷20と考えて、50÷2から商の十の位に2をたてます。

③けたが増えても同じように計算します。あまりは必ずわる数より小さくなります。答えに自信がないときは、
(わる数)×(商)＋(あまり)
＝(わられる数)
で確かめをしましょう。

④9000÷300と考えて、90÷3から、商の十の位に3をたてます。

8 ①14×3、64÷8を先に計算してから、ひき算をします。

②(　)の中をまず計算します。次に、12÷2を計算し、最後にひき算の計算をします。

9 ①300万の10倍で3000万、100倍で3億(おく)、1000倍で30億、1万倍で300億です。

②1億を25こで25億、10万を87こで870万なので、あわせて25億870万です。

③100でわると、各位の数字は位が2つずつ下がります。

10 ①

㋐＝180°−45°−60°＝75°

②

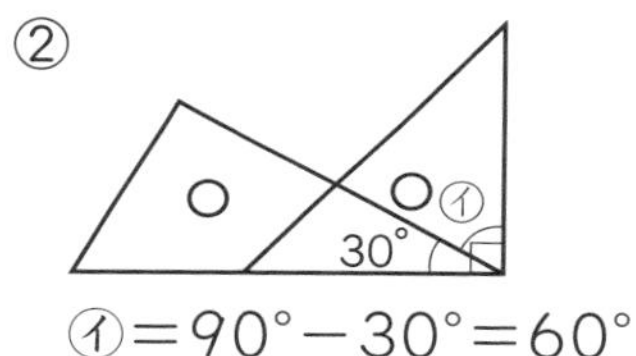

㋑＝90°−30°＝60°

11 ①6＋□÷3＝14
□÷3＝14−6＝8
□＝8×3＝24

②2×□−9＝17
2×□＝17＋9＝26
□＝26÷2＝13

12 ①90°×3＝270°
②360°÷12＝30°

13 $\frac{1}{10}$ の位まで0なのは0.07だけなので、一番小さいのは0.07。0.2は0.20と考えて、0.28と0.2では0.2のほうが小さい。一の位が1の1.06と1.9では、1.06の $\frac{1}{10}$ の位が0なので、1.06のほうが小さい。

4年 チャレンジテスト②

月　日　名前

答え44ページ

1 次の計算をしましょう。 各2点(8点)

① 6.3 × 32
126
189
201.6

② 5.94 × 45
2970
2376
267.30

③ 0.85 × 95
425
765
80.75

④ 23.6 × 83
708
1888
1958.8

2 次のわり算を、わり切れるまでしましょう。 各2点(12点)

① 3)5.61 → 1.87
3, 26, 24, 21, 21, 0

② 15)35.7 → 2.38
30, 57, 45, 120, 120, 0

③ 8)21.8 → 2.725
16, 58, 56, 20, 16, 40, 40, 0

④ 25)6.57 → 0.2628
50, 157, 150, 70, 50, 200, 200, 0

⑤ 32)6.8 → 0.2125
64, 40, 32, 80, 64, 160, 160, 0

⑥ 4)16.5 → 4.125
16, 5, 4, 10, 8, 20, 20, 0

3 次の計算をしましょう。 各2点(16点)

① $\frac{11}{6}+\frac{1}{6}$
$=\frac{12}{6}=2$

② $\frac{3}{10}+\frac{8}{10}$
$=\frac{11}{10}\left(1\frac{1}{10}\right)$

③ $2\frac{3}{8}+\frac{5}{8}$
$=\frac{19}{8}+\frac{5}{8}=\frac{24}{8}=3$

④ $1\frac{4}{5}+2\frac{8}{5}$
$=\frac{9}{5}+\frac{18}{5}=\frac{27}{5}\left(5\frac{2}{5}\right)$

⑤ $\frac{15}{4}-\frac{9}{4}$
$=\frac{6}{4}\left(1\frac{2}{4}\right)$

⑥ $\frac{15}{12}-\frac{8}{12}$
$=\frac{7}{12}$

⑦ $3\frac{1}{5}-2\frac{3}{5}$
$=\frac{16}{5}-\frac{13}{5}=\frac{3}{5}$

⑧ $2\frac{4}{7}-\frac{6}{7}$
$=\frac{18}{7}-\frac{6}{7}=\frac{12}{7}\left(1\frac{5}{7}\right)$

4 次の商を、$\frac{1}{10}$ の位までのがい数で表しましょう。 各3点(6点)

① 98.2÷56
56)98.2 → 1.75
56, 422, 392, 300, 280, 20
(1.8)

② 0.67÷3
3)0.67 → 0.22
6, 7, 6, 1
(0.2)

5 次のかけ算の積を、上から1けたのがい数にして見積もりましょう。 各3点(6点)

① 1500×2340
(4000000)

② 638×3900
(2400000)

●うらにも問題があります。

チャレンジテスト② おもて

1 整数のかけ算と同じように計算し、積の小数点は、かけられる数の小数点と同じ位置にうちます。

小数のたし算・ひき算は小数点の位置をそろえましたが、かけ算ではそろえません。

②小数点以下の最後の0はしゃ線をひいて消します。

2 商の小数点は、わられる数の小数点にそろえてうちます。わり算の計算は整数のときと同じようにします。

②7をおろして計算したあと、まだあまりがあるので、わられる数に0をつけたして、0をおろしてわり算を続けます。

③わり切れないとき、くりかえしわられる数に0をつけたして、わり算を続けることができます。

④6は25より小さいので、商の一の位は0になります。あとの計算は、整数のわり算と同じように計算します。

⑤6は32より小さいので、商の一の位は0になります。

3 分母が同じ分数のたし算、ひき算では、分母はそのままで分子だけを計算します。分母と分子が同じになったら、1とします。

③帯分数は仮分数になおして計算するか、整数と真分数に分けて計算します。$2\frac{3}{8}$ を仮分数になおすと、

$2\frac{3}{8}=\frac{8\times2+3}{8}=\frac{19}{8}$ となります。

④$1\frac{4}{5}=\frac{5\times1+4}{5}=\frac{9}{5}$、

$2\frac{8}{5}=\frac{5\times2+8}{5}=\frac{18}{5}$

⑦$3\frac{1}{5}=\frac{5\times3+1}{5}=\frac{16}{5}$、

$2\frac{3}{5}=\frac{5\times2+3}{5}=\frac{13}{5}$

⑧$2\frac{4}{7}=\frac{7\times2+4}{7}=\frac{18}{7}$

4 $\frac{1}{10}$ の位までのがい数で表すので、$\frac{1}{100}$ の位まで商をだし、$\frac{1}{100}$ の位の数を四捨五入します。

5 ①1500×2340 を上から1けたのがい数にして見積もると、
2000×2000＝4000000

②638×3900 を上から1けたのがい数にして見積もると、
600×4000＝2400000

6 次の面積を求めましょう。 各4点(8点)

① たて 150 m、横 200 m の長方形の土地の面積は何 ha ですか。

(3 ha)

② たて 50 cm、横 5 m の花だんの面積は何 m^2 ですか。

(2.5 m^2)

7 面積が 9 a の正方形の土地があります。 各4点(8点)

① 9 a は何 m^2 ですか。

(900 m^2)

② 1辺(へん)の長さは何 m ですか。

(30 m)

8 次の数を、(　　)の中のとおりにして、がい数で表しましょう。 各3点(9点)

① 64900 (千の位を四捨五入(ししゃごにゅう))

(60000)

② 7535 (百の位までのがい数)

(7500)

③ 99940 (上から1けたのがい数)

(100000)

9 十の位で四捨五入して、3900 になる整数のうち、いちばん大きい数といちばん小さい数はいくつですか。 各3点(6点)

いちばん大きい数 (3949)

いちばん小さい数 (3850)

10 次の分数と整数を、小さい順にならべかえましょう。 (4点)

$\frac{1}{8}$、$1\frac{2}{8}$、$\frac{18}{8}$、2、$\frac{11}{8}$、$2\frac{1}{8}$

($\frac{1}{8}$、$1\frac{2}{8}$、$\frac{11}{8}$、2、$2\frac{1}{8}$、$\frac{18}{8}$)

11 次の計算にはまちがいがあります。まちがいを直して正しい答えを求めましょう。 (3点)

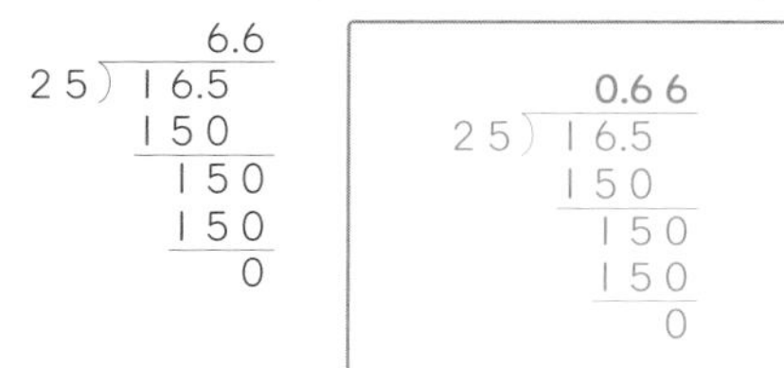

12 次の長方形で、色のついた部分の面積を求めましょう。 各4点(8点)

①

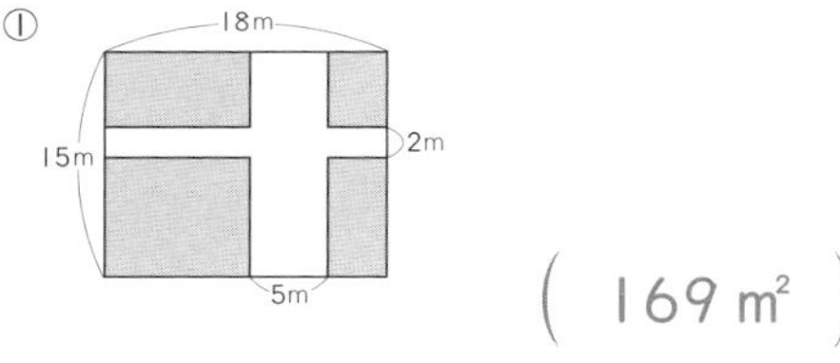

(169 m^2)

②

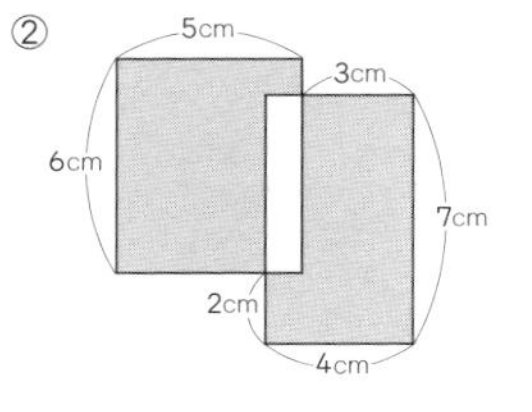

(48 cm^2)

13 等しい分数になるように、□にあてはまる数を書きましょう。 各3点(6点)

① $\frac{3}{12}=\frac{\square}{4}$ (1)

② $\frac{2}{3}=\frac{10}{\square}$ (15)

チャレンジテスト② うら

6 ①$150\times200=30000$
$10000\ m^2=1\ ha$ だから、
$30000\ m^2=3\ ha$
②$50\ cm=0.5\ m$
$0.5\times5=2.5$ だから、$2.5\ m^2$。

7 ①$1\ a=100\ m^2$ だから、
$9\ a=900\ m^2$
②$900=30\times30$ だから、
1辺(へん)の長さは 30 m。

8 ②十の位で四捨五入(ししゃごにゅう)して、
7500。
③千の位で四捨五入して、
100000。

9 いちばん大きい数は、十の位を四捨五入して切り捨てて 3900 になるときで、3949。いちばん小さい数は、十の位を四捨五入して切り上げて 3900 になるときで、3850。

10 分母が8の真分数(しんぶんすう)または仮分数(かぶんすう)にそろえると、
$\frac{1}{8}$、$1\frac{2}{8}=\frac{10}{8}$、$\frac{18}{8}$、$2=\frac{16}{8}$、
$\frac{11}{8}$、$2\frac{1}{8}=\frac{17}{8}$ となるから、
小さい順にならべかえると、
$\frac{1}{8}$、$1\frac{2}{8}$、$\frac{11}{8}$、2、$2\frac{1}{8}$、$\frac{18}{8}$

11 商の小数点の位置(いち)がまちがっています。わられる数の小数点の位置に合わせて商の小数点をうつので、商は 0.66 となります。

12 ①色のついていない部分を、長方形のはしに移動(いどう)すると、次の図のようになります。

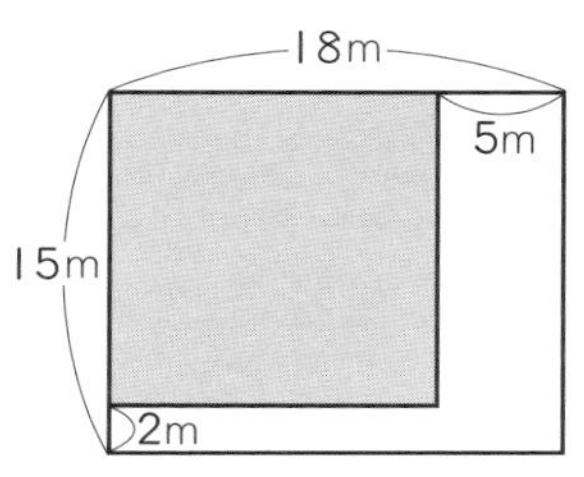

したがって、色のついた部分の面積は、
$(15-2)\times(18-5)$
$=13\times13=169(m^2)$
②たて 6 cm、横 5 cm の長方形と、たて 7 cm、横 4 cm の長方形の面積の合計から、
たて、$7-2=5$ (cm)、
横、$4-3=1$ (cm) の長方形の面積2こ分をひいて求めます。
$6\times5+7\times4-5\times1\times2$
$=30+28-10=48(cm^2)$

13 ①分母は $12\div3$ の4になっているので、分子も3でわって、
$3\div3=1$ より、1。
②分子が 2×5 の 10 になっているので、分母も5をかけて、
$3\times5=15$ より、15。

メモ

メモ